CLUB ALPIN FRANÇAIS

SECTION DE L'ATLAS

ASCENSIONS DANS LE DJURJURA

ALGER

TYPOGRAPHIE ADOLPHE JOURDAN

IMPRIMEUR-LIBRAIRE-ÉDITEUR

2, Place de la Régence, 2

1907

Aït Ali ou Azoun et la dent

CLUB
ALPIN FRANÇAIS

SECTION DE L'ATLAS

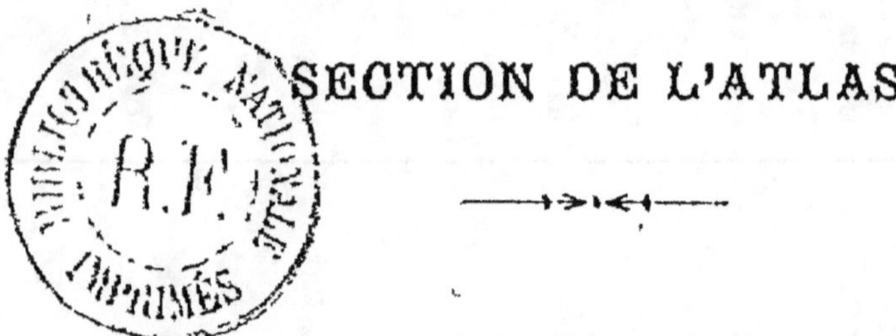

ASCENSIONS DANS LE DJURJURA

ALGER

TYPOGRAPHIE ADOLPHE JOURDAN

IMPRIMEUR-LIBRAIRE-ÉDITEUR

2, Place de la Régence, 2

1907

PRÉFACE

En dehors de quelques membres de la Section de l'Atlas du *Club Alpin*, il n'est pas téméraire d'affirmer que personne ne visite le Djurjura. C'est infiniment regrettable, car cette chaîne de montagnes est une des plus belles qu'on puisse voir. Aussi, pour inciter quelques touristes à rompre avec le banal circulaire Cook, ai-je songé à réunir ces quelques pages dans lesquelles ils trouveront quantité de renseignements utiles.

A. REYNIER,

Secrétaire Général de la Section de l'Atlas du *Club Alpin Français*

Alger, avril 1907.

L'ALPINISME EN ALGÉRIE [1]

L'Alpinisme Algérien ! Cette association de mots peut paraître bizarre, elle s'applique cependant à un fait réel et incontesté. L'Alpinisme, en effet, existe depuis plusieurs années en Algérie, où il a fait de grands progrès grâce au dévouement infatigable de quelques-uns de nos collègues.

Lorsque des hommes d'initiative ont créé le Club Alpin, ils se proposaient de développer, en France, le goût des excursions pédestres et de la marche en montagne. Bientôt se groupèrent autour d'eux des adhérents convaincus et déterminés dont le nombre s'accrut de jour en jour. Sur tout le territoire français, on créa des sections et des sous-sections qui se rattachèrent à la direction centrale et le Club Alpin devint légion.

L'Algérie où toutes les idées utiles et généreuses germent et se développent ne pouvait rester en

---

arrière et à l'écart de ce mouvement ; et une section fut créée à Alger, la section de l'Atlas.

Il était tout naturel que nos clubistes prissent pour parrain le vieil et légendaire Atlas, symbole de la force immuable. L'Atlas et le Djurjura sont en raccourci les Alpes de notre région.

Sur leurs cimes, notre section a fait ses premières armes ; et, aujourd'hui, sur la chaîne de l'Atlas, dans le massif du Djurjura et la Grande Kabylie, plusieurs des hauts sommets ont été gravis et explorés par nos vaillants collègues.

Notre section a son livre d'or dans lequel sont relatées toutes nos courses : les ascensions sur l'Ouarensenis, le Bou-Zegza, le Mouzaïa, le Féroukra, l'Abdelkader-el-Djilani, le tamgout du Lella-Khedidja (le pic le plus élevé de l'Algérie avec le Chélia dans l'Aurès) ; et enfin nos grandes excursions dans toute la Kabylie de Fort-National à Michelet, de Michelet à Chellata et chez les Beni-Ziki, de Tifrirt à Azazga.

Notre section est une des dernières venues dans la grande famille de l'Alpinisme ; mais la sœur cadette peut prouver aujourd'hui qu'elle est digne de ses sœurs aînées.

Il lui a suffi pour cela de s'inspirer de l'exemple qui lui est donné par les grandes sections françaises et d'obéir à l'impulsion qui nous vient de la Direction centrale.

Nous devons beaucoup à la Direction centrale qui n'a cessé de nous soutenir et de nous encourager et nous sommes heureux d'en remercier les hommes éminents qui sont à la tête de notre grande et patriotique association. J'ai nommé MM. Janssen, l'illustre savant ; Xavier Blanc, sénateur des Hautes-Alpes, toujours jeune, alerte, en dépit des ans ; Abel Lemercier, un des fondateurs du Club Alpin ; Charles Durier, la providence des Alpinistes Parisiens ; de Jarnac, le sympathique et modeste secrétaire général, l'âme de notre Club et tant d'autres qui ont également des titres à notre reconnaissance.

Sous leur haut patronnage, notre section algérienne a grandi et prospéré.

Mais, c'est surtout depuis 1886 que nous avons pris rang dans l'Alpinisme français. A cette époque, la section de l'Atlas organisa un congrès international auquel assistèrent trois cents alpinistes français et étrangers.

Il ne fallait pas cependant s'endormir sur ces premiers lauriers.

C'est ce qu'ont bien compris nos amis dont le zèle et l'énergie ne se sont jamais lassés. Dussè-je mettre leur modestie à rude épreuve, je les nommerai parce que la section de l'Atlas leur doit sa prospérité : notre vieux doyen Durando, mes prédécesseurs Fau et Martel et mes intrépides collègues

Pressoir, Leblays, Boudret, H. Vagnon, Elliot, n'ont cessé d'agir, de faire de la propagande, pour donner à notre section le mouvement et la vie qui sont les conditions essentielles du succès et de la prospérité.

Ce que je voudrais, c'est que tous nos jeunes Algériens vinssent se grouper autour de nous. C'est ce qu'ils feront assurément quand ils comprendront bien tous les avantages de nos expéditions.

Au point de vue de la santé, du développement des muscles, de la gymnastique des poumons, rien ne vaut la marche à travers monts et vallées.

Mais, à côté de ces avantages matériels et physiques, que de satifactions pour l'intelligence et le cœur ! Le sentiment du beau, l'amour de la nature ne peuvent se développer qu'en présence de ces grands spectacles où tout est fait pour émouvoir et charmer : je veux parler des horizons lointains, des effets de lumière, de la variété des sites, depuis la vallée ombreuse jusqu'au pic abrupt. On sent bien que la nature, aussi bien que partout ailleurs, est notre grande éducatrice.

Je n'ai pas la prétention de comparer nos montagnes algériennes aux grandes cimes des Alpes ou des Pyrénées. Ce serait une prétention excessive ! Mais il faut bien avouer que, dans un genre différent, avec d'autres aspects, le massif du

Djurjura, par exemple, vu de Michelet est bien grandiose.

De plus, ici, les jeux de lumière sont incomparables. Dans la montagne, on ne cesse d'admirer des colorations d'une exquise diaphanéité, des valeurs nouvelles, des irisations de couleurs, des gammes monochromatiques du bleu et du rouge, qui vont de la note éclatante aux nuances les plus adoucies de l'opale et du rose.

Il y a deux ans, pendant les vacances de la Pentecôte nous fîmes une ascension sur le tamgout du Lella-Khedidja. Nous avions passé la nuit à 1,400 mètres d'altitude, à Tala-Rana, sur les bords d'une source glacée, dans un site adorable.

Le lendemain, à 3 heures du matin, nous nous levâmes pour continuer notre ascension et escalader le pic de Lella-Khedidja (2,308 mètres).

Quelle ne fut pas notre stupéfaction en constatant que des brumes épaisses, immobiles, couvraient le ciel et s'étendaient sur nos têtes comme un immense velum. Pas de vue, pas d'horizon ! A quoi bon se fatiguer et grimper au sommet ? Pressoir et Courtellemont nous entraînèrent et l'ascension commença assez rude. Au bout d'une heure nous avions franchi la zone des brumes, d'où nous émergeâmes pour nous trouver dans une atmosphère d'une incomparable pureté.

Nous dominions alors un des plus beaux pancramas que j'aie vus en ma vie. C'était un spectacle étrange : à nos pieds s'étendaient à perte de vue, dans un vaste périmètre, des brumes denses, paraissant figées. Elles nous donnaient ainsi l'impression d'une mer de glace. Ce qui complétait encore l'illusion, c'est que cette surface sans fin qui nous cachait les vallons et la plaine, n'était pas absolument plane. De ci de là se dressaient des apparences d'icebergs. Supposez une mer agitée surprise tout à coup par un froid intense, arrêtée au milieu de son agitation et réduite à l'immobilité.

Ajoutez à cela des émergences de cônes, de pics, de crêtes, semblables aux carênes renversées de quelques vaisseaux monstres, à des îlots perdus et déserts, à des récifs redoutables.

Nous avions la vision d'une région hyperboréenne, désolée, fantastique. Et cependant nous n'étions pas au terme de notre surprise.

Voilà que soudain, à l'horizon, les bords extrêmes de cette mer aérienne s'empourprèrent : on eût dit une aurore boréale ou les lueurs d'un incendie. Les icebergs, les vagues figées, les cimes pareilles à des îlots prirent une teinte d'un rose opalin qui passa au rouge ; puis toute la surface des brumes s'embrasa à son tour : océan de feu et de pourpre avec des reflets d'or et de métal en fusion.

Puis le soleil, dans un splendide flamboiement, monta dans le ciel. Il y eut autour de nous un immense et long remous de vagues empourprées. Les brumes se déchirèrent, se désagrégèrent et nous aperçûmes la plaine : au loin, dans le fond, un léger panache de fumée et une petite ligne noire glissant à travers champs : c'était le train qui nous rappela à la réalité des choses.

Nos amis alpinistes vous diront que sur la montagne seulement on peut jouir de pareils spectacles et éprouver des émotions aussi intenses.

Et si tous ceux qui aiment la nature savaient que les sites pittoresques et grandioses abondent dans le Djurdjura, nos caravanes seraient plus nombreuses et des adhérents nouveaux viendraient grossir nos rangs.

Ces expéditions exigent, il est vrai, quelque entraînement et une préparation préalable des muscles locomoteurs. Mais, à vrai dire, elles ne nous exposent à aucun danger. Je dirai même qu'elles deviennent de plus en plus faciles grâce à l'esprit d'organisation et d'initiative qui distinguent quelques-uns de nos amis. Les moyens de locomotion, à dos de mulet, nous sont rendus très aisés par l'inépuisable complaisance des administrateurs toujours disposés à nous venir en aide. J'ouvre volontiers une parenthèse pour remercier MM. Marel, Dubouloz, Albert, Demonque, administrateurs des communes mixtes de Maillot, Michelet, Dra-el-Mizan, Fort-National, sans oublier mon vieil ami, Kœchlin, administrateur-adjoint de Maillot.

Pour achever de convaincre les incrédules, je ferai la relation de notre dernière course. Elle vaut la peine d'être contée.

Les organisateurs attitrés de nos excursions résolurent de faire, pendant les vacances de la Pentecôte, une ascension sur la troisième cime non encore explorée dans le massif du Djurdjura. Ce pic imposant (2,134 mètres d'altitude), se dresse entre l'Haïzeur et l'Akouker ; sur la carte de l'État-Major il ne porte pas de nom précis ; et, à vrai dire, il n'a peut-être jamais été gravi par des Européens (1).

Une cime vierge ! c'était assez pour tenter même les paresseux, les indolents, les ventripotents et jusqu'aux boulevardiers endurcis ; j'entends ceux qui préfèrent un bock de Gruber à la marche forcée. Par surcroît, le temps était superbe, le ciel pur et la température encore très supportable.

Vingt-cinq adhérents répondirent à l'appel des organisateurs. Le 25 mai, à 6 heures du matin, tous étaient présents à la gare d'Alger. Il y avait

---

(1) Il porte à présent le nom de : Pic de Galland (A. R.).

là des gros et des maigres, des grands et des petits ; je n'ajouterai pas des jeunes et des vieux, parce que dès que l'on est admis dans le Club Alpin, on oublie immédiatement son acte de naissance et les plus âgés redeviennent jeunes.

Tous donc étaient là, attendant l'heure du départ, équipés, harnachés, coiffés du casque colonial et classique, guêtrés de cuir ou de forte toile, chaussés de souliers ferrés, portant à la boutonnière les insignes du Club.

Oh ! je sais bien que quelques aimables farceurs murmurent encore en nous regardant passer : « Tiens, Tartarin !... » Tartarin, tant que vous voudrez, mais Tartarin nouveau jeu, déjà bien différent du légendaire Tarasconnais qui ne songeait qu'à épater les populations et à pour-chasser les grands fauves... dans les environs d'Alger ou sur la place du Gouvernement. Tar-tarin qui aime la nature en artiste, qui considère la marche comme une diversion utile et salutaire et se trouve largement payé de ses peines et de ses fatigues, quand il peut contempler du haut d'un pic un beau panorama. C'est enfin le Tar-tarin qui ne recule pas devant le danger et expose sa vie sans phrases et sans forfanterie.

Tous nos Tartarins prirent place dans un vaste compartiment de troisième classe et le train fila d'abord le long de la grande courbe qui enserre la baie d'Alger, puis à partir de Maison-Carrée, dans la direction de l'Est, à travers la plaine de la Mitidja, le long de vignobles verdoyants. Alors, se produisit parmi nous le phénomène que j'ai remarqué dans toutes nos excursions, cette griserie produite par le grand air et le sentiment de la vraie liberté, et qui se manifeste toujours par une explosion de joie folle et de gaieté exubérante. Personne n'y échappe, pas même les plus graves et les plus austères ; et chacun, à des degrés différents, subit cette influence. On rit, on plaisante, on chante, on fait du bruit surtout... et quel bruit ! un étourdissant vacarme qui domine le sifflet de la locomotive.

Notre éditeur, lui-même, donnant l'exemple, d'un compartiment à l'autre se livrait à des exercices de gymnastique.

Après un déjeuner banal à Bouïra, nous repartîmes pour El-Adjiba où nous arrivâmes à une heure. Là nous attendaient une trentaine de mulets accompagnés de leurs conducteurs kabyles.

Chacun choisit sa monture ; et, sur les autres bêtes restées libres, on chargea les bagages, les vivres, les appareils photographiques et les deux tentes.

Si vous ne connaissez pas encore le mulet kabyle, je tiens à vous le présenter. C'est un animal admirable : un ami dévoué et fidèle, capable de supporter toutes les épreuves, de résister à la fatigue, à la chaleur et au froid. D'une frugalité sans pareille, il se contente, pour son repas, de quelques paquets d'herbes qu'il happe au passage. Dans les endroits difficiles, à la montée ou la descente, dans les éboulis ou sur les pentes glissantes, il montre une prudence étonnante et une sûreté de jarret qui doivent exclure tout sentiment de crainte.

Si l'animal est bon, le bât est exécrable. C'est l'horrible et monumental beurda dont les poches latérales sont encore grossies par les paquets et les provisions. Juché sur la bête, on est obligé d'écarter les jambes outre mesure ; ce qui détermine une réelle douleur dans les muscles des cuisses et dans les articulations.

Les malins ont trouvé un remède au mal. Ils changent de position et s'installent sur la bête dans la posture de l'amazone.

La colonne se mit en marche à travers une plaine humide, au milieu des champs de blé, de fèves et d'orge. Mais une heure après, le chemin se trouva barré par l'oued Ed-Dous, qui, plus loin, s'appelle l'oued Sahel et va se jeter dans la mer à Bougie.

La rivière était grosse et les mulets hésitaient à passer dans ses eaux boueuses. Quelques bons coups de trique et les cris de nos Kabyles eurent raison de la résistance de nos bêtes.

Nous traversâmes l'oued sans encombre, sans avoir à relater le plus petit bain de siège et la caravane se remit en marche.

Après avoir franchi une dizaine de kilomètres, nous arrivâmes sur les premières ondulations qui s'étendent au pied de la chaîne du Djurjura.

Nous pénétrâmes enfin dans le pays des Beni-Yala, région boisée où l'on traverse une belle forêt de pins.

Cette forêt qui est, dit-on, un repaire de fauves, a un aspect de tristesse et de mélancolie. Les sentiers qui zizaguent à travers les masses profondes de verdure sont bordés de lentisques arborescents, de plantes vivaces, de fleurettes variées.

Après avoir descendu une pente assez raide, la caravane fit une première halte près d'un moulin kabyle, installé sur les bords d'un ruisseau, au milieu d'une végétation très drue : les indigènes l'appellent Tiharamt. Des femmes kabyles qui lavaient du linge, se levèrent à notre approche, non pour fuir, mais pour nous regarder curieusement.

Puis l'ascension recommença, assez pénible, cette fois, jusqu'à Hadj-Ali à 1,010 mètres d'altitude. De ce point, le paysage attira notre attention. A droite, se dresse une montagne boisée, recouverte de cèdres magnifiques que l'on nomme le

Djebel Taouialt (1,703 mètres d'altitude). Dans le vallon tombent, avec un grand fracas, deux ou trois cascades dont l'eau court à travers des champs ombragés par des frênes et des arbres fruitiers. Plus sombre, la forêt de Tigounatine se détache sur le ciel bleu.

Au loin on apercevait entre les deux montagnes la plaine dorée par le soleil couchant.

Enfin, nous arrivâmes à huit heures du soir sur le point où nous allions camper et passer la nuit. Le ciel, d'une merveilleuse pureté, était déjà couvert d'étoiles ; et, malgré l'heure avancée, à la faveur d'une demi-clarté, douce, mystérieuse, nous pûmes encore admirer le site au milieu duquel nous nous trouvions. Au-dessus de notre plateau, le col de Tizi Bou-el-Ma, et à droite le piton de l'Akòuker (2,305 mètres), semblable à une pyramide.

Ventre affamé n'a pas d'oreilles et pas d'yeux ; c'est la remarque que je fis en voyant avec quel empressement mes compagnons dressaient les deux tentes, déballaient les vivres et allumaient le feu. De leur côté, les Kabyles étaient déjà installés autour de grands brasiers qu'ils devaient entretenir toute la nuit pour lutter contre le froid déjà vif.

Rien d'aussi pittoresque que ce campement à 1,650 mètres d'altitude, déjà dans le pays de la neige dont la blancheur ressortait sur le fond noir des pentes abruptes des montagnes voisines.

On s'était groupé en rond sous la toile, débouchant les flacons, rangeant sur les feuilles sèches, étalées en guise de nappe, les victuailles, quand un double éclair vint interrompre le festin encore à ses préparatifs.

Était-ce l'annonce d'un orage soudain ? ou plus simplement une lanterne vénitienne, lustre éclairant nos agapes qui s'enflammait ?

Les têtes se levèrent et l'on aperçut l'ami Courtellemont qui, déposant son conflagrateur et son appareil photographique, s'écriait :

— Messieurs, vous êtes pris. *L'Algérie Artistique* compte deux instantanés de plus.

On élargit le cercle pour faire place au nocturne photograveur.

Inutile d'ajouter que l'on fit honneur aux victuailles variées emportées d'Alger. Puis le ventre plein, on s'étendit sur une épaisse litière de diss et dans la nuit on n'entendit plus que les chants monotones de quelque barde kabyle.

Le lendemain, à 4 heures, tout le monde était sur pied. On plia les tentes, on empila les bagages dans les tellis. La caravane se scinda en deux groupes : les mulets et leurs conducteurs se dirigèrent vers Tizi Ogoulmine (1,772 mètres), où ils devaient nous attendre.

Quant à nous, nous commençâmes à gravir les pentes déclives qui nous séparaient du pic extrême, véritable but de notre ascension. Marche pénible et rude souvent coupée par des roches en surplomb. En profitant des anfractuosités et des saillies, tiré par les uns, poussé par les autres, on arrive au sommet, mais il faut avouer que ces exercices sont du domaine de la gymnastique.

Nous arrivâmes sur les bords d'un vaste champ de neige que nous fûmes obligés de traverser directement pour ne pas faire un grand détour. Des névés, en Algérie, en plein mois de mai !..., les plus intrépides ouvraient les yeux et se grattaient les oreilles. Gare aux glissades et aux chutes ! On se disposa en file indienne et lentement on s'engagea sur cette surface perfide. De loin en loin de la masse blanche émergeaient de vieux cèdres et des roches grises. Nous arrivâmes enfin sur l'autre bord, presque en face du fameux pic. Nous n'étions pas, hélas ! au bout de nos tribulations. Ce n'était plus une ascension, mais une véritable escalade ! Après avoir grimpé le long de cheminées étroites et sur des amoncellements de rochers titanesques, nous parvînmes enfin sur la pointe qui se dresse majestueusement à 2,134 mètres d'altitude.

De ce sommet, le regard embrasse un immense périmètre : Au Nord, toute la Kabylie et Fort

National apparaissant comme un point blanc ; la ligne des montagnes qui bordent la mer avec le tamgout des Beni-Djennad (1,260 mètres) : Tizi-Ouzou dominé par le Belloua (750 mètres) ; tout le pays des Flissa, des Maatka, des Beni-Yenni ; à l'Ouest, les chaînes du petit Atlas et le piton du Bouzegza (1,032 mètres) qui se dresse au-dessus de la Mitidja occidentale ; les forêts des Beni-Khalfoun et le Tegrimoun (1,028 mètres) qui domine Palestro ; au Sud, la vue s'étend plus loin encore, jusqu'à la bordure méridionale du Tell, jusqu'aux montagnes de Boghar et du bassin du Hodna. Plus près, le Dira d'Aumale (1,860 mètres) et les chaînes qui bordent au Sud la plaine du Hamza. A l'Est, la vue est bornée en partie par les murailles de l'Akouker et la pyramide de Lella Khedidja qui a une altitude de 2,308 mètres, C'est le sommet le plus élevé du Djurdjura. La plus haute montagne de l'Algérie se trouve dans 'Aurès (province de Constantine) et n'a que quelques mètres de plus que le Lella Khedidja (1).

Nous distinguions nettement l'Azerou-Tidger (1,864 mètres) et l'Azerou-N'tohor (1,923 mètres) et plus loin les hauts rochers des Beni-Zikki, sur la chaîne qui continue le Djurjura vers le Nord.

____

(1) Le Chélia, 2,331 mètres. A. R.

Plus loin, par-dessus cette chaîne, on voit sous le soleil les sommets des Babors (2,000 mètres), le Takintoucht et les montagnes qui dominent le Chabet-el-Akra (le ravin de la mort).

On aperçoit même Alger et la mer, bande d'azur flottante semblant se confondre avec le ciel.

Après avoir longtemps contemplé cet inoubliable spectacle, nos compagnons proposèrent de baptiser le pic qui nous servait d'observatoire, et on décida qu'il aurait pour parrain le président de la section. Voilà un filleul embarrassant et qu'il sera difficile de présenter dans le monde.

Après avoir versé sur la tête du néophyte quelques gobelets de vin, Pressoir, l'intrépide, donna le signal de la descente.

Quelle descente, mon Dieu! Une effrayante dégringolade sans point d'appui, sans arrêt possible. Nous étions anxieux. Seul, le gros et joyeux Charles Margerel avait conservé, sinon son centre de gravité, du moins son inaltérable gaieté.

Ici, il fallait glisser sur une pente couverte de neige; plus loin, descendre le long d'une paroi rocheuse, en s'accrochant à toutes les aspérités.

A la base du cône, nous nous retrouvâmes sur les bords de grands névés dont la déclivité nous inquiétait quelque peu.

Sous le soleil ardent et le ciel bleu, ces masses de neige d'une blancheur éclatante nous aveuglaient. Par surcroît, la réverbération des rayons solaires nous brûlait la face.

Nous traversâmes ainsi le premier névé, suivant un plan horizontal, en contournant la base du cône, pour reprendre la direction du col d'Ogoulmine.

Notre anxiété augmenta quand il nous fallut descendre le long des pentes très déclives. La neige était heureusement assez dure pour supporter notre poids. Après quelques expériences malheureuses, les moins habiles eux-mêmes parvinrent à se tirer de ce mauvais pas. Assis sur leur séant, se servant de l'alpenstock comme d'un frein, ils se laissèrent glisser jusqu'en bas.

Enfin, nous arrivâmes sur les bords d'un petit lac, entouré d'un hémicycle de grandes murailles et de hauts pitons assez semblables à une théorie de capucins vêtus de gris. Coin merveilleusement choisi pour le repos, la rêverie et la méditation. Mais, allez donc rêver quand l'ami Ficheur ou le brave Pressoir ne cessent de crier : « En avant ! ne perdons pas de temps. »

Une heure après, nous avions rejoint nos mulets au col d'Ogoulmine. Nous éprouvions le besoin de réparer nos forces épuisées.

Des vedettes kabyles échelonnées de mamelon en mamelon nous avaient indiqué par leurs appels le chemin à suivre pour arriver à l'endroit exact où nous attendaient éclaireurs, cuisiniers et ambulanciers à la fois, nos amis Borgeaud et Perrin qui avaient heureusement songé à soigner nos estomacs avec la plus grande sollicitude.

Après une abondante collation et une halte de quelques instants, nous remontâmes sur nos mulets.

D'Ogoulmine à Bouïra, nous fîmes le trajet en suivant la crête des contreforts du Djurjura et une grande plaine assez bien cultivée. Une fois en plaine, l'excursion se termina par une chevauchée folle. A Bouïra, nous reprîmes le train pour arriver à Alger à 10 heures du soir.

A 11 heures, j'étais dans mon lit, un bon lit, je vous assure, bien préférable à la litière de diss ; et, la nuit, je rêvais que la section de l'Atlas constituée en phalanstère s'était établie sur les bords de ce petit lac d'Ogoulmine, où l'on serait si bien pour vivre et rêver.

CHARLES DE GALLAND,

Président de la Section de l'Atlas.

L'AKOUKER [1]

2,305 MÈTRES

Depuis quelques années, la plupart des hautes cimes du Djurjura ont été gravies par des membres de la Section de l'Atlas. Le tamgout de Lella-Khedidja (2,308 mètres) et l'Haïzer (2,123 mètres) ont été *faits* respectivement en 1888 et 1889 ; le *Bulletin* de janvier 1891 relatait l'ascension du Pic de Galland (2,134 mètres). Au mois de mai de cette même année 1891, à la Pentecôte, on se décidait à tenter l'escalade de la partie de la chaîne qui se dresse comme un formidable bastion au Nord-Ouest du Lella-Khedidja et, par son altitude considérable et sa masse imposante où culmine l'Akouker (2,305 mètres), empêche celui-ci d'être vu d'Alger. Le programme de l'expédition fut dressé par notre collègue M. E. Ficheur, professeur à l'École supérieure des Sciences, dont la

[1] Article publié dans l'*Annuaire* du Club Alpin. Année 1893.

thèse récente, « Géologie de la Grande Kabylie »,
lui a valu en Sorbonne les félicitations unanimes
du jury du doctorat ès sciences. Avec un pareil
guide l'excursion ne pouvait manquer de réussir.

Donc, le 17 mai 1891, une douzaine d'alpinistes
prenaient le train de Constantine, et en descen-
daient l'après-midi à la station d'El-Adjiba, au
Sud de la chaîne. Là, une troupe considérable de
mulets attend les touristes. Ils ont été, sur notre
demande, *réquisitionnés* chez les indigènes par le
très obligeant administrateur de Maillot, M. Marel.
Ce mot de *réquisition* sonne mal aux oreilles et
fait songer tout de suite à la force brutale, aux
violences de conquérants qui exploitent sans
pudeur les malheureuses populations indigènes.
Mais que les bonnes âmes se rassurent ! Les bêtes
réquisitionnées sont toujours payées suivant un
tarif établi depuis longtemps, qui est généralement
de 3 francs par tête et par jour. Comme c'est le
seul moyen de voyager dans ce pays, nous n'hési-
tons pas à l'employer ; du reste, le Club Alpin
s'est déjà conquis le renom de *client qui paie bien*,
chez les indigènes du Djurjura, et quand un
administrateur demande pour nous quinze mulets
dans une tribu, ils nous en vient trente. Je sou-
haite aux Kabyles de voir leur pays envahi par
des hordes d'alpinistes, et, sans croire que cela
précipiterait la fameuse assimilation dont on parle

tant, cela mettrait pour le moins un peu de beurre dans le maigre couscouss de ces pauvres diables.

Comme toujours, le chargement des bagages sur les mulets prend un temps infini. Rien de moins débrouillard qu'un Kabyle ! Du reste, un seul principe le guide : faire le moins de travail possible. Une espèce de maître Jacques, que nous a envoyé l'administrateur parce qu'il baragouine quelque peu le français, s'agite beaucoup, crie, jure, tempête ; mais ses vociférations n'émeuvent point nos hommes, et nous devons présider nous-mêmes aux opérations. Enfin tout est arrimé avec des cordes d'alfa, chacun enfourne sa monture, et *arrhi ! arrhi !* en avant !

C'est que nous n'avons point de temps à perdre ; il est déjà plus de 2 heures, et il faut monter jusqu'à près de 1,600 mètres d'altitude sur les flancs mêmes de la grande chaîne. Nous traversans au trot la petite plaine de l'Oued-ed-Dous (plus loin l'Oued-Sahel), qui nous sépare des premiers mamelons ; la traversée de la rivière se fait sans incident ; cette année les eaux ne sont point trop abondantes et bientôt tout le monde est de l'autre côté.

Alors commence la longue, très longue montée des premiers contreforts. De temps en temps tout le monde s'arrête sur quelque mamelon pour jeter un regard en arrière. La vue est constamment belle. La plaine du Hamza se déroule peu à peu de Bouïra à Beni-Mansour, tandis que peu à peu aussi les Deux-Mamelles et la sauvage crète du Djebel Bou-Kraled se rapetissent et s'aplatissent. Et devant nous, pendant que nous montons, se dresse l'admirable chaîne avec ses rochers et ses neiges que flanquent, à gauche, le Djebel Taouïalt ou Bonnet de Police, noir de forêts, et à droite le pic superbe de Lella-Khedidja.

Notre sentier suit l'arête d'un chaînon détaché de la grande muraille, et nous dominons les ravins profonds de l'Oued-Beurd à l'Est et de l'Oued-el-Adjiba à l'Ouest. Peu de villages ; beaucoup de bois ; de-ci de-là, quelques champs autour desquels on a disposé des amas de broussailles sèches, destinées à rôtir les criquets quand ils sortiront de terre ; car les *pèlerins* se sont abattus sur la région et y ont déposé leurs œufs. Avec le bout d'une canne, un indigène retourne une motte et nous montre la grappe de larves qu'une sauterelle a enfoncée dans le sol. La nature a pourvu la femelle de l'acridien d'un tube postérieur qui a la faculté de s'allonger et de pénétrer profondément en terre à la façon d'une tarière pour y déposer ses œufs. En même temps elle sécrète une matière gluante qui les colle contre l'humus, de façon à faire une petite masse compacte. La région tout entière a reçu la visite des pèlerins ailés, et

comme le pays est montagneux et tout en broussailles, on n'a point pu procéder à la destruction
des œufs par le labourage comme en plaine.

Cependant la caravane continue sa route, et,
après une côte ardue, arrive sur une petite crête
qui, depuis un moment, lui cachait la chaîne et
porte le nom de Ras-Tiguerguer (1,647 mètres).
Nous redescendons de l'autre côté, pour suivre
une autre petite crête qui soude la première au
grand massif, et nous finissons par déboucher
près d'une source, *Ansor-Arelled* (1,508 mètres),
en face d'un pain de sucre énorme, le Terga-
M'ta-Roumi (1,976 mètres), sorte de Mont-Aiguille,
et du majestueux Lella-Khedidja. C'est bien de là
que le grand *Tamgout* fait le plus d'effet. Le soleil
n'est pas loin de se coucher ; il revêt de teintes
merveilleuses les rochers et les sommets, tandis
que dans les fonds de ravins, et là-bas, bien bas
dans la plaine, flottent déjà les bleus opaques du
soir.

Vite à l'ouvrage ! A chacun son travail ! Les
jeunes, les conscrits, enfoncent les piquets et
dressent l'immense tente marabout qui doit nous
abriter, puis étendent sur le sol une épaisse couche
de *diss* que les indigènes ont coupé dans les
environs ; notre maître-queux, j'ai nommé
J. Leblays, fait allumer ses feux et chanter la
marmite de la Section ; un troisième établit soli-

dement sur des pierres deux barils de vin blanc
et rouge, qu'un aimable collègue, M. Frédéric
Lung, qui n'a pu se joindre à nous, a gracieusement offerts ; on enfonce les robinets, et bientôt
des flots du liquide généreux viendront apaiser
les soifs les plus rebelles ; un autre plante les
alpenstocks dans le sol à des distances régulières
en forme de quadrilatère, puis il tend de l'un
à l'autre des fils de fer auxquels il accroche de
superbes lanternes vénitiennes qui vont nous
réjouir de leur lumière multicolore ; bref, tout
le monde met la main à la pâte, peu ou prou, et,
grâce à cette ordonnance et à la division du
travail, tout marche à souhait.

Rien de plus pittoresque que ces campements
en pleine montagne, lorsque la nuit est venue.
Les grands feux éclairent de leurs vives lueurs les
groupes d'indigènes accroupis tout autour, et les
mulets qui tondent avec bonheur la riche pâture ;
les lanternes répandent leur gaie lumière sur les
clubistes, qui devisent joyeusement tout en faisant
honneur aux mets savamment préparés par le
cuisinier. La chère est excellente, les vins sont
bons, l'air est pur, les préoccupations sont loin.
On s'abandonne à la joie de vivre et à la gaîté.
Mais il faut une fin même aux meilleures choses.
A 10 heures, la corne sonne, non l'extinction des
feux, car les indigènes les entretiendront toute là

nuit, mais la retraite. Quelques minutes après, le silence règne sur le camp endormi.

A 4 heures du matin, tout le monde est sur pied ; on n'a pas très bien dormi ; la tente avait été installée sur un terrain pierreux trop en pente, et le froid a été intense. On est tout engourdi, et l'on se réchauffe autour des foyers que l'on ranime. Un café bien chaud nous restaure complètement, et à 5 heures nous nous mettons en marche. Le soleil commence à colorer les hautes cimes. Nous suivons d'abord le sentier qui conduit au col de Tizi-n'Açouel et au delà en Grande-Kabylie ; mais, après avoir contourné un éperon, nous remontons à gauche une petite vallée pour aboutir au col qui sépare l'Agouni-Guerbi (1,872 mètres) de l'Akouker. A partir de là, nous montons comme nous pouvons, le long des flancs de l'Akouker. Il faut gagner, en haut à gauche, une cassure dans le rocher de la crête pour atteindre finalement le mamelon le plus élevé. En temps ordinaire cela ne doit pas être difficile ; mais les pentes sont encore couvertes de neige, et c'est d'un pas mal assuré qu'un de nos collègues, équipé de bottines à élastiques sans clous et d'un parasol, s'engage sur la surface perfide. Nous finissons cependant par nous tirer de plusieurs mauvais passages et par atteindre la crête.

Mais là, de nouvelles difficultés surgissent. Cette

crête est abominablement déchiquetée et crevassée ; les petits névés que l'on traverse sont très raides, et Leblays disparaît tout à coup sous un pont de neige. Heureusement qu'il ne va pas bien loin et qu'on peut le retirer aussitôt. Cet accident et un dernier plan de neige par trop incliné sèment le découragement dans la troupe ; personne ne veut plus avancer, c'est trop dangereux, et nous n'avons point de corde. Nous sommes à peine à une centaine de mètres de la crête la plus élevée. Reculer serait vraiment honteux. Deux intrépides s'élancent à la conquête de la cime, et du pied taillent vigoureusement des marches dans la neige durcie. Encore un très mauvais passage et ils y sont, ils disparaissent derrière un rocher, Un troisième et un quatrième les suivent, mais les autres ne bougent pas, et se mettent... à déjeuner.

Quelque vingt minutes plus tard, les explorateurs reparaissent et viennent railler les poltrons qui n'ont pas eu le courage de faire deux cents mètres de plus pour atteindre le but final de la course. Ces railleries, le tableau enthousiaste du spectacle superbe qu'on découvre du haut de l'Akouker, finissent par réveiller l'ardeur des *lâcheurs*, et, sitôt le repas terminé, ils se précipitent comme un seul homme vers le sommet.

La vue qui se déroule sous les yeux est admirable et embrasse un périmètre immense. On se

Phot. Geiser.

Village d'Aït Ali ou Azoun

trouve sur le belvédère le plus élevé de la chaîne principale, c'est-à-dire presque absolument sur la ligne médiane Nord-Sud de la Grande-Kabylie, et, beaucoup mieux que du Lella-Khedidja, plus élevé cependant de quelques mètres, mais situé trop en arrière, l'on peut se rendre compte de la structure orographique du pays, et suivre très exactement la ligne des formidables fortifications naturelles qui l'enserrent et le protégèrent jadis contre les entrepises des Romains et des Turcs. On a sous les regards comme une carte déployée, sur laquelle nous reconnaissons maints lieux déjà visités.

C'est d'abord, vers l'Est, le Tamgout de Lella-Khedidja (2,308 mètres), l'Azeroun - 'Tirourda (1,962 mètres) et son voisin, l'Azerou-Tidjer (1,751 mètres), la pyramide aiguë de l'Azerou-n'Tohor (1,884 mètres) et, par delà, les sommets éloignés des Babors et du Chabet-el-Akhra ; puis, en remontant vers le Nord, le Tizibert (1,754 mètres) qui domine le col de Chellata, les rochers déchiquetés et fantastiques des Beni-Zikki, l'Akfadou, et enfin le Djebel-Arbalou, non loin de Bougie.

Au Nord, entre nous et la mer se déroule tout le pays Kabyle avec ses chaînons détachés de la grande chaîne, et ses nombreux villages perchés sur les crêtes : Fort-National (974 mètres), Michelet, les Beni-Yenni, les Beni-Bou-Drar, et à 1,900 mètres au-dessous de nous les Beni-Bou-Addou, etc. Plus haut, à l'horizon, la chaîne côtière qui sépare le Sébaou de la mer, avec son point culminant le Tamgout des Beni-Djennâd (1,276 mètres), et à droite les grandes forêts de Yacouren et d'Azazga. A l'Ouest, à nos pieds mêmes, la grande dépression de Tizi-Boulma (1,686 mètres), au pied du Pic de Gallend (2,134 mètres) qui dresse de l'autre côté ses rochers disloqués et ses cèdres rabougris, le col de Tizi-Ogoulmine et la puissante carrure de l'Haïzer (2,125 mètres), tandis que plus loin se perdent en masses chaotiques et confuses les montagnes plus modestes de l'Atlas métidjien.

Au Sud enfin, une série de bandes bleues parallèles se succèdent jusqu'à l'horizon, jusqu'à la bordure de l'immense et mystérieux Sahara. Ce tableau si vaste et si varié retient longtemps les regards du spectateur. Tout, dans les premiers plans ensoleillés aussi bien que dans les arrière-plans bleuâtres et fugitifs, est fait pour charmer et captiver. Nous jouissons longtemps de ce spectacle inoubliable, et c'est à regret que nous entreprenons la descente.

Elle s'opère par le chemin suivi à la montée. Comme la journée est peu avancée (il est à peine 1 heure de l'après-midi), chacun flâne à sa guise :

les botanistes cueillent les jolies fleurettes qui commencent à se montrer entre les pierres ; les géologues cassent les cailloux avec entrain et cherchent le précieux fossile tant désiré ; d'autres retournent les pierres pour trouver des scorpions ; nos indigènes tuent quelques vipères (il y en a, paraît-il, passablement) ; bref, vers 3 ou 4 heures, tout le monde est rentré au camp. Le temps est délicieux et nous promet une nuit moins froide que la précédente. On trouve un site plus convenable pour la tente, et l'on prépare le dîner. A 10 heures, tout le monde dort.

Le troisième jour au matin, on fait presque la grasse matinée. Cette fois, la température et le sommeil ont été parfaits ; aussi la bonne humeur règne-t-elle chez tous. Le moment du départ venu, la tente est vite abattue, tout est remis en place, ficelé et amarré sur le dos des bêtes, et en route pour Maillot ! Il s'agit d'y aller déjeuner et d'y prendre à 4 heures le train qui doit nous ramener à Alger le soir même. Pas d'incident dans cette partie de voyage. On dévale rapidement par un mauvais sentier abrupt et glissant, mais l'on trouve bientôt des terrains plus faciles et plus boisés. Ce ne sont du reste partout que cascades et coins verdoyants. L'oued qui dégringole au fond du ravin porte le nom d'Oued-Beurd ; à un certain moment, il se grossit d'une autre rivière aussi considérable que lui, qui sort tout entière et d'un seul jet du pied du Lella-Khedidja. Le site est des plus ravissants. C'est du milieu d'un fouillis de végétation puissante que jaillit cette source étonnante. Elle porte le nom d'*Ansor-el-Lekhal*, et forme, à elle-seule, une véritable curiosité. De çà de là, sur les pentes, quelques villages kabyles. Nous quittons ensuite les bords si verdoyants de l'Oued-Beurd pour contourner différents mamelons embroussaillés, et nous finissons par aboutir à Maillot. Le soir à 11 heures nous étions de retour à Alger.

E. PRESSOIR,

Secrétaire général honoraire
de la section de l'Atlas.

HUIT JOURS EN KABYLIE [1]

FLANC NORD DU DJURJURA
LE TAMGOUT DE LELLA-KHEDIDJA

Alger. — Tizi-Ouzou

14 avril 1897. — Voici les vacances de Pâques, c'est le moment de réaliser un projet d'excursion amoureusement caressé par les ancêtres de la Section, et fort attrayant d'ailleurs; il s'agit d'explorer le Sud de la Grande Kabylie, au pied de la chaîne du Djurjura et d'escalader le Lella-Khedidja, le point culminant du massif. La caravane est composée de douze membres de la Section, représentant l'université, le barreau, le haut commerce et la médecine (2). Tout est pré-

---

(1) Article publié dans l'*Annuaire du Club Alpin.* (Année 1897).

(2) MM. Meunier, Lung (F.), Leblays, Tabary, Pressoir, Delory, Lemoine, Reynier, Loyer, Barthélemy et les deux frères Sergent.

paré avec soin, la prévoyance étant la mère du confortable. Le service de l'intendance, organisé avec sollicitude par nos collègues Reynier et Loyer, a entassé dans des sacs et des couffins des vivres abondants, comme pour une expédition périlleuse et lointaine au centre du continent noir : pain de munition, boîtes de conserves, desserts variés, barils de vin blanc et rouge, batterie de cuisine, tout cela aura son emploi dans ce pays pauvre et sobre que nous allons parcourir, et où nous ne devons trouver que le couscouss, les poulets étiques et le mouton traditionnels. Précaution touchante : un sac de pommes de terre et d'oignons nous fait songer par avance aux délicieuses soupes maigres que Leblays sait confectionner avec tant de maëstria, et dont nous avons déjà dégusté en maintes occasions des spécimens succulents.

Le spectacle est fort pittoresque à 6 heures du soir, à la gare d'Alger : au milieu de colis encombrants, se démènent douze gaillards à mine inquiétante, sinon toujours rébarbative, coiffés de casques de liège ou de feutres décolorés, guétrés et chaussés solidement, armés d'alpenstocks et de bâtons ferrés. Tout ce monde s'embarque dans le train de Tizi-Ouzou, la capitale de la Kabylie étant le point de départ de l'excursion proprement dite.

On n'a pas le temps de s'ennuyer en route : après un dîner bien arrosé, les artistes de l'escouade font vibrer les cordes de leur gosier sonore, et les ancêtres émerveillent les imaginations des conscrits par leurs récits et leurs descriptions qui sont empreints peut-être d'exagération poétique, et dont le souvenir hantera nos rêves cette nuit à l'hôtel de la Poste où nous allons nous préparer aux fatigues du lendemain.

De Tizi-Ouzou à Aïn-Sultane par les crêtes des Beni-Smenzer

15 avril. — Dès l'aube, réveil général ; par la fenêtre de notre chambre commune nous pouvons, Loyer et moi, admirer le panorama. On se croirait en France, dans une petite ville de province ; la cour de l'auberge est encombrée de ces pataches aux couleurs criardes, aux ressorts gémissants dont Tartarin retrouva un exemplaire du côté d'Orléansville. Des chevaux piaffent sous les hangars, des poules picorent sur le fumier. Une collinette verdoyante, plantée d'arbres fruitiers, monte en pente douce, avec des maisons blanches coiffées de tuiles rouges ; seul, un bouquet d'eucalyptus peuplé d'oiseaux jette une note exotique dans ce paysage de France.

Pendant qu'on charge les bagages sur les mulets commandés à l'avance, nous poussons une pointe, les deux Sergent, Loyer et moi, jusqu'au village indigène, qui groupe ses maisons de pierre sèche couvertes de roseaux à 500 mètres d'ici sur un monticule. Les ruelles serpentent en lacets capricieux, bordés de huttes misérables ou de figuiers de Barbarie aux branches enflées comme des membres de goutteux et aux raquettes épineuses d'aspect menaçant. La population, du reste, ne s'effraie pas à notre vue : trois bambins se précipitent pour nous servir de guides ; ce sont des petits cireurs de Tizi-Ouzou parlant admirablement français, alléchés par l'appât de quelques sous à gagner. Sur le pas des portes, se pressent, pour nous voir passer, des femmes en robe rouge sans manches, bras nus et jambes nues, tatouées de signes bleus sur le front et les joues. Une d'elles veut même nous vendre quelques pauvres bijoux, des bracelets et de larges anneaux d'argent martelé, des colliers de corail d'une propreté douteuse.

Un de nos jeunes compagnons nous fait pénétrer dans la maison paternelle ; l'intérieur en est fort simple : une salle exiguë, aux murs de terre, meublée d'une natte sur laquelle couche toute la famille, d'un moulin de pierre des plus primitifs, de grandes jarres d'argile pour renfermer le blé, et de quelques vagues ustensiles de cuisine. Pas de cheminée ; le feu s'allume dans un trou au milieu de la pièce : la fumée sort par où elle peut.

Le chemin que nous suivons, tout souillé d'immondices, nous mène devant un mur qui attire notre attention ; évidemment c'est le salon de peinture et de gravure de l'endroit. Des feuilles illustrées du supplément du *Petit Journal* nous montrent le Tsar en habit de gala et tout près, peints en ocre et en vert pomme sur la blancheur du mur, des arbres fantastiques, des coqs monstrueux, et des oiseaux apocalyptiques de race indistincte. Un rassemblement nous entoure : ce sont des représentantes curieuses du beau sexe et des gamins aux minois éveillés et aux grands yeux noirs, charbonnés comme de vieilles murailles. La trompe que je porte en sautoir semble les intriguer ; j'en tire quelques sons éclatants qui mettent en fuite toute la bande comme une volée de moineaux. Un vieux Kabyle décrépit, qui a dû faire le coup de feu contre nos soldats, se chauffe au soleil au pied d'un mur ; il implore notre charité au passage par quelques murmures ; il n'a plus de dents, nous dit un de nos guides, il ne vit plus que de bouillie. La mosquée dresse un peu plus loin sa tour carrée toute blanche ; le marabout du lieu doit être fort pauvre, car la salle basse a pour tout ornement quelques nattes d'alfa. Un escalier en colimaçon et une échelle branlante, donnent accès à la plate-forme de la tour. Nous décrouvons de là tout le pays. Rien de bien pittoresque d'ailleurs : la ville française de Tizi-Ouzou et le village indigène sont perdus dans une immense vallée verdoyante et mamelonnée qui s'allonge de l'Est à l'Ouest, bordée au Sud par des hauteurs boisées que nous allons franchir tout à l'heure, et au Nord par le Belloua (710 mètres), d'où l'on voit la mer et toute la Kabylie. Nous donnons quelques sous au gardien de la mosquée pour acheter des bougies au marabout.

A notre retour, la caravane s'ébranle : d'abord les bêtes chargées, puis les muletiers, enfin les alpinistes. En route vers le Sud ! Quelques femmes indigènes nous croisent, armées de sarcloirs minuscules pour arracher les mauvaises herbes dans les champs de blé ; elles passent un peu à l'écart, moitié crainte, moitié pudeur. La matinée est délicieuse. Le chemin gravit des pentes raides couvertes de figuiers et d'oliviers magnifiques, longe des ravins encombrés de frênes vigoureux et centenaires, dont le feuillage encore tendre servira de fourrage pendant les sécheresses de l'été. Ce sont du reste les arbres de prédilection des Kabyles. On en voit partout plantés au milieu des champs d'orge et de blé, chargés souvent d'une vigne énorme. Çà et là, sur des mamelons, des villages indigènes se cramponnent aux pentes, pareils de loin à une colonie de tortues énormes, en pierre ou en piré, avec leurs maisons à la carapace de tuiles grisâtres. Les populations se pressent curieusement sur notre passage. Nos muletiers indigènes, eux, sont des gaillards civilisés, dégourdis même : l'un d'eux porte sur sa chemise de coton la « Merdaille » de Madagascar, gagnée là-bas par son père, qui est mort au retour de sa lointaine expédition. Tout à coup, dans le sentier même, une bosse bizarre : c'est un crâne humain que nous déterrons, très vieux sans doute, car nous traversons un ancien cimetière. L'aîné des Sergent tiendrait à garder ce souvenir, et, pour l'emporter sans blesser la susceptibilité des Kabyles du village voisin attroupés, il leur fait croire que c'est un crâne de *roumi*. Mais où mettre cette lugubre trouvaille ? On se décide enfin à rendre aux indigènes ces vénérables restes qu'ils s'empressent d'enfouir.

Le pays change d'aspect : aux collines vertes et fraîches de tout à l'heure, succèdent des monticules schisteux, dénudés et tristes, aux réverbérations aveuglantes. Dans cette région déserte, une cabane pourtant se dresse au bord du chemin ; c'est la hutte d'un *caouadji* (cafetier), avec sur la porte (ô mystère !) cette inscription en lettres rouges informes : « Il y a des rats. »

Il est 11 heures ; on s'établit pour déjeuner un peu plus loin, à l'ombre propice d'un olivier immense, à proximité d'une source. Déballer les vivres, les étaler sur le gazon est l'affaire d'un moment, pour des voyageurs affamés. Chacun a sa spécialité : l'un est échanson, l'autre grand panetier, un troisième, éventreur de boîtes de conserves, un autre encore préposé aux desserts. Toute cette jeunesse se démène pendant que les anciens, voluptueusement vautrés sur l'herbe, entourés d'une auréole prestigieuse, assistent avec un intérêt évident aux préparatifs du repas. Le festin est abondant et varié : notre hôtelier de Tizi-Ouzou a ce matin consciencieusement garni nos couffins ; les mâchoires se mettent en branle au son d'une flûte kabyle qui glapit là-bas, derrière le coteau. En face de nous, vers le Sud, l'Haïzeur nous regarde par-dessus l'épaule des collines, découpant en dentelle sa haute crête rocheuse sur le ciel d'un bleu profond. Sur les hauteurs environnantes sont juchés les villages kabyles importants et nombreux des Beni-Smenzer. Le caouadji des Rats vient nous faire en plein air dans des bouilloires minuscules un café bourbeux qui facilitera la digestion. Nos muletiers se gavent de pain et de fromage de gruyère. La sainte horreur de la graisse de porc leur faisant refuser les morceaux de viande que nous leur offrons.

On reprend allégrement, par monts et par vaux, le voyage interrompu, à travers un pays mamelonné, coupé de ravins, à la végétation pauvre ; çà et là, quelques touffes de diss, quelques buissons de lentisques et de palmiers-nains, des cystes et des genêts en fleur et de grands frênes aux feuilles nouvelles. Au fond d'un vallon, un petit moulin projette une cascade : oh ! bien primitif, ce moulin ! une simple cabane, couverte de roseaux ; l'eau, amenée dans un tronc d'arbre creusé, tombe en cataracte et fait tourner deux meules lilliputiennes. En face de nous, barrant l'horizon, la haute muraille crevassée de l'Haïzeur, neigeuse et coiffée de brume.

Nous laissons sur la droite le marché des Mechtrass, un vaste espace battu par le pied des bestiaux, bordé de quelques échoppes vides, où se réunissent, toutes les semaines, les indigènes de la région. Tout à coup, à l'extrémité de la colline dont nous suivons la crête depuis quelque temps, un panorama magnifique nous arrête : nous avons devant les yeux une cuvette immense arrosée par l'oued Boghni, au pied de l'Haïzeur ; c'est un fouillis d'arbres au milieu desquels se cachent quelques villages, une oasis de verdure dont la vue nous semble douce après cette longue promenade au grand soleil à travers des pays arides. Le soir approche. Au bas de la descente nous suivons les sentiers capricieux qui serpentent entre les oliviers vigoureux, les frênes qu'embrassent des vignes géantes, les orangers en fleur chargés en même temps de fruits mûrs. C'est une série de vergers, de jardins, de champs fertiles savamment arrosés par des rigoles dérivées des ouadis qui descendent directement de la montagne. La traite est encore longue à faire jusqu'à la maison d'école d'Aïn-Sultane, qui doit nous servir de dortoir et qui se perd dans ce nid de verdure digne de la Belle au Bois dormant. On ne regrette pas du reste les détours du sentier au milieu de cette végétation luxuriante.

Une bande de gamins indigènes, prévenus de notre arrivée, viennent à notre rencontre, et nous saluent poliment d'un « boujour » de bon aloi. Ce sont les élèves de M. Pellissier qui vont nous faire une escorte d'honneur. Près de l'école, au bord de la route, un grand feu flambe gaiement au milieu d'un cercle de spectateurs. Un mouton, tué à notre intention, embroché dans une longue perche, rissole en nous attendant, les flancs taillladés de coups de couteau. Un cuisinier l'arrose de beurre rance avec une branche de lentisque, pendant que les affamés, aux burnous crasseux, font luire alentour leurs dents blanches, et leurs yeux noirs qu'allume la convoitise. C'est le *méchoui* qui nous sera servi tout à l'heure. Aussitôt,

Leblays se met à l'œuvre ; quelques pommes de terre et quelques oignons lui suffisent, et, dans une heure, il va nous servir une soupe dont Vitellius et Héliogabale auraient sans doute payé bien cher le secret.

L'attente paraissant longue à nos appétits surexcités, nous allons nous promener, pour prendre patience, jusqu'à la fontaine d'Aïn Sultane, une source abondante et pure qui sort à flots au pied de micocouliers géants. Et, autour, la végétation est d'une vigueur peu commune : les frênes dressent leurs troncs robustes qu'escaladent et que festonnent des vignes grosses comme la cuisse d'un homme. La soirée est calme : seuls les cris des gamins et les aboiements aigres d'un chien kabyle, dans un village voisin, troublent le silence.

Mais il est temps de rentrer ; nos camarades, restés là-bas à surveiller le pot-au-feu, sont capables de prélever sur le souper la part du lion. M. Pellissier a mis aimablement sa classe à notre disposition. Des tableaux noirs à plat sur des tréteaux, des bougies dans le goulot de quelques bouteilles, valent à nos yeux les tables à rallonges et les candélabres éblouissants des salles à manger les plus luxueuses ; au fond c'est la chambre à coucher. La soupe à l'oignon et des œufs brouillés, le méchoui presque saignant et le couscouss

apporté aux hôtes par le fils du président du douar,
composent un menu varié et succulent ; par là-
dessus un verre de thé et une promenade de
digestion au clair de la lune. Trois bambins nous
accompagnent dans notre expédition nocturne :
ce sont des gaillards intelligents, parlant fort
bien le français, connaissant même la règle des
participes, les fractions, les principaux faits de
notre histoire et quelques fables de La Fontaine.
L'honneur en revient sans doute à leur instituteur. L'interrogatoire bienveillant que nous leur
avons fait subir a achevé de nous brouiller les
idées ; je crois qu'une nuit de repos après une
marche de 35 kilomètres nous fera grand bien.
Nous nous jetons donc tout habillés sur notre
couche moelleuse, côte à côte, sans crainte des
intempéries ni des insectes ennemis de l'homme,

D'Aïn-Sultane à Aït-Touddeurt
par les Chennacha

16 avril.— Tout le monde est debout à 5 heures.
Le ciel est gris perle de mauvais augure. Sur les
flancs de l'Haïzeur rampent sinistrement de lourds
nuages sombres, déchirant leurs volutes aux arêtes
de la montagne entrevue par instant. En serions-

LE DJURDJURA

Phot. GEISER.

nous pour nos frais de déplacement, et la pluie nous forcerait-elle à rebrousser chemin après un début si encourageant? Ce n'est pas la première fois que la pudique chaîne du Djurjura se voile ainsi derrière un rideau de brume pour écarter les profanateurs. Pourtant le Club Alpin ne reculera pas pour si peu. Par ce temps doux et calme, c'est un plaisir que de faire ses ablutions matinales dans un torrent vagabond qui descend de l'Haïzeur en chantant dans les rochers. Au secours! Pressoir, glissant sur une pierre humide, vient de tremper dans un gouffre profond son ancestral fond de culotte. Nous nous précipitons à l'aide de son auguste et précieuse personne, qui, comme l'Amour mouillé de classique mémoire, s'en va changer de pantalon.

Cependant, la caravane s'organise; quinze mulets escortés de leurs propriétaires sont déjà rassemblés par les soins d'un brigadier-indigène que nous a envoyé, pour nous guider, l'administrateur de Dra-el-Mizan. Nous prenons congé de M. Pellissier et de sa famille. Chacun enfourche sa monture, et tous ces Sanchos plus ou moins pansus se mettent en marche à la file indienne par un chemin à peine tracé entre des oliviers séculaires. Les mulets des bagages forment l'arrière-garde. Le coup d'œil est pittoresque : douze cavaliers d'occasion, en costume d'opéra-comique, escortés de quinze piétons au burnous crasseux et flanqués d'un brigadier superbe au vaste manteau bleu, qui marche en serre-file ; il a la haute selle arabe et les larges étriers damasquinés. Nous pouvons du reste nous laisser distraire par le spectacle de notre bande, le paysage ne présentant qu'un intérêt fort restreint. Nours traversons, en route vers l'Est, une région mamelonnée, bien cultivée, du reste, semée de quelques arbres, frênes, oliviers et caroubiers. Sur notre droite, l'Haïzeur, toujours embrumé, nous ouvre parfois, par une déchirure du brouillard, le bâillement fantastique d'une gorge sauvage. Tout autour de nous, sur les collines, une quinzaine de villages kabyles d'un blanc grisâtre dans cette matinée triste.

Un cortège bizarre croise notre troupe : sur un mulet, une femme passe entièrement voilée de noir, spectre lugubre, suivie de deux marauds d'aspect peu rassurant. Don Quichotte aurait saisi sa bonne lance et piqué des deux sur ces oppresseurs de la beauté. Mais nous ne sommes plus au bon temps de la chevalerie, et les matraques de ces deux duègnes viriles sont de taille respectable. Un de nos muletiers qui parle français nous explique en substance que c'est la femme d'un marabout du voisinage : « Très veinard, ce saint personnage, nous dit-il ; il voit les femmes de tous les autres (les femmes Kabyles ne portant pas comme les Mauresques le voile mystérieux), et personne ne voit la sienne. »

Un moment d'hésitation : le chemin, comme toute bonne piste kabyle qui se respecte, se perd brusquement dans les terres. Il faut se résoudre à couper au court, dans les champs de blé vert. Une pluie fine et pénétrante tombe lentement, implacable et douce. On continue quand même ; la devise du Club n'est-elle pas : « Toujours plus haut, toujours plus loin » ? La montagne se dégage un peu après l'averse, et montre, en avant-garde, une énorme aiguille rocheuse, d'un gris rayé de rouge, la pointe encore perdue dans la brume. Un pont rustique de branches et de terre battue fournit à notre caravane un passage étroit sur un oued jaunâtre grossi par les pluies. Une grimpette à pic par un sentier raboteux, et nous voici au pauvre village d'Aït-el-Kaïd, bâti sur des rochers énormes. Il est 11 heures, l'heure fatidique du déjeuner pour les touristes en route depuis 7 heures. On met pied à terre, on décharge les provisions, et on installe la salle à manger dans le cimetière indigène où des pierres dressées marquent l'emplacement des tombes. L'endroit, du reste, n'est pas lugubre : des oliviers monstrueux l'ombragent tout entier ; et puis, pour comble de bonheur, Phébus aux crins dorés a chassé tous ces nuages malencontreux et règne en maître dans l'azur reconquis.

Le caïd de la région, qui habite un village voisin, vient nous souhaiter la bienvenue et nous faire admirer sa belle barbe fleurie. Autour de nous, curieusement groupés sur les roches, les naturels mâles de l'endroit examinent ce spectacle insolite : des Roumis déjeunant dans un cimetière joyeusement et plantureusement.

On se remet en route, convenablement lesté, avec un verre de thé par-dessus les aliments plus substantiels.

Pendant une heure et demie, nous escaladons, par un sentier capricieux, une pente fort raide et rocheuse, agrémentée de quelques touffes de diss, et de buissons de lentisques, de cystes et de jujubiers dans lesquels éclate la note claire et gaie de larges pensées jaunes ou violettes. La plaine s'abaisse derrière nous. On grimpe péniblement à pied ou à dos de mulet jusqu'à un col de 1,122 mètres. C'est un coup de théâtre. Devant nous, un peu sur la droite, se dresse majestueusement, à 2,305 mètres, le massif monstrueux de l'Akouker. Les flancs gris de la montagne se précipitent en à-pic de 500 mètres, crevés d'abîmes sombres, rayés de gorges sauvages, avec, tout au sommet, tranchant sur la teinte générale, étincelant sous le grand soleil, un champ de neige immaculée, d'où se détachent des coulées longues et minces suivant les sinuosités des ravins. Çà et là, quelques nuages diaphanes, en désarroi, semblent perdus le long de la muraille, comme des fuyards d'une armée en déroute, s'accrochant aux aspérités, se déchirant aux aiguilles, marquant à peine leur passage par une ombre errante et légère. En face, sur notre gauche, le Kourièt, haut de 1,700 mètres, élève son chaos pittoresque de rochers rouges et bleus, séparé de l'Akouker par une cuvette verdoyante, au fond de laquelle il nous faut descendre pour remonter de l'autre côté, au village de Taguemoun (1,174 mètres).

Cependant, le ciel se couvre de nouveau, une bise aigre nous cingle les oreilles au col de Taguemoun, ce trait d'union entre les deux chaînes parallèles ; nous prenons à peine le temps de boire à la régalade une cruche de lait qu'un indigène nous apporte sans vouloir d'argent, les plus pauvres, en ce pays, mettant leur point d'honneur à exercer gratuitement l'hospitalité. L'Akouker disparaît en grande partie ; nous n'en voyons plus que la base qui plonge devant nous dans la vallée profonde du Tacift n'Aït-Ayèd. Nous suivons maintenant au flanc du Kouriet, un sentier pierreux dont les lacets se promènent à mi-côte, au-dessus de la vallée du Tacift n'Aït-Ayed, entre des rochers cyclopéens, empanachés de chênes verts.

A un détour du chemin, nous dépassons le village
d'Agouni ou Fourrou, admirant encore, avant de
leur tourner le dos, les murailles embrumées
de l'Akouker, de l'Azerou Gougane qui le prolonge et du Thaltatt noyé dans le brouillard, à
l'extrémité de la chaîne. Au-dessous de nous, de
l'autre côté de la vallée, sur des collines qui se
détachent en promontoire, s'allongent des cha-
pelets de villages blancs comme des nids d'oiseaux géants dans la verdure.

Enfin, la caravane arrive au but : c'est Aït-
Touddeurt, un village assez important où tout
notre monde va trouver pour cette nuit l'hospitalité. La situation en est pittoresque. Sur le flanc
Nord du Kouriet, les maisons étagent leurs terrasses blanches ou bleues, comme les marches
d'un escalier de Titans ; elles sont bâties en pierres séparées par une couche d'argile ; quelques-
unes sont couvertes de tuiles, la plupart ont un
toit plat qui sert l'été de promenoir et de dortoir.
Pendant que nous défilons dans les ruelles étroites
et inégales, la figure au niveau des toits, la population se presse sympathique et curieuse sur notre
passage ; les hommes nous saluent d'un *salam*
respectueux, la main à la hauteur de la chéchia
comme des pioupious bien appris. Les femmes,
plus discrètes, nous examinent par l'entre-baille-
ment d'une porte ou du fond d'un couloir sombre ;

les fillettes et les garçonnets, les yeux agrandis par la surprise, groupent leurs minois éveillés et leurs vêtements sales de chaque côté de la rue.

Le caïd va nous héberger dans une maison spécialement réservée aux hôtes. Il nous faut mettre pied à terre pour pénétrer par une sorte de porche aux poutrelles de thuya dans la cour intérieure. Oh! bien exiguë, cette cour : une trentaine de mètres carrés à peine, en pente raide, bossuée de pierres, de marches irrégulières et semée de choses mal odorantes de nature indistincte. Tout autour s'ouvrent quatre chambres sans fenêtre, à porte basse, sans meubles, où nous devons passer la nuit, en compagnie des énormes amphores à grain.

Nos muletiers, qui doivent partir demain de bon matin, après une nuit passée sous le porche, presque à la belle étoile, défilent pour recevoir leur salaire. Ils esquissent des sourires de satisfaction en contemplant les cinq francs qu'on leur octroie généreusement, le douro inespéré qui leur permettra de vivre quelques jours, eux et leur famille.

Un visiteur nous arrive, un ancien turco personnage important du village qui vient nous saluer poliment et faire admirer les trois médailles, médaille militaire, médaille du Tonkin et de l'Algérie, qui s'étalent sur son burnous très propre ; ce brave a servi la France vingt-cinq ans ; il a pris part à la guerre de 1870, et est resté longtemps prisonnier à Mayence. Maintenant, rentré dans son pays après de folles équipées et des aventures épiques, il est repris tout entier par l'islamisme et la vie kabyle ; il « fait sa religion », et refuse poliment l'absinthe que nous lui offrons, cette absinthe bienfaisante, que nous emportons toujours dans nos lointains voyages, et qui, prise à dose légère, apaise la soif la plus ardente. Il deviendra un marabout vénéré, doté, après sa mort, dans le cimetière, d'une blanche et ronde koubba, où les fidèles viendront faire leurs dévotions.

Comme contraste, un autre gros légume de l'endroit, le « grand champître » (traduisez « garde champêtre ») dont le burnous bleu fait rutiler davantage le nez rubicond, accepte l'absinthe avec reconnaissance ; il la préfère évidemment à l'eau pure ; il deviendra marabout « plus tard ». C'est lui qui nous guide à travers le village, jusqu'à la mosquée, pendant que nos camarades les plus dévoués préparent le souper.

Elle est bien misérable, cette mosquée ! une salle vide, aux murs nus, avec une simple natte d'alfa pour préserver les fidèles des rhumes de cerveau. Par un escalier délabré, nous grimpons sur la terrasse plate aux bords peu élevés. Le panorama est splendide : vers le Nord-Est, au loin, après des chaînes de hautes collines qui s'allongent parallèlement à la mer, un ruban jaunâtre à peine visible : c'est la route de Fort-National que l'on voit à flanc de coteau jusqu'à Michelet, dont on distingue d'ici les maisons vaguement blanches dans la verdure. Vers le Nord, le pays est tumultueux, bossué, semé de tâches de broussailles qui le font ressembler à une immense peau de panthère aux plis énormes. Un dernier repli de terrain qui s'allonge de Dellys à la forêt d'Yacouren et au sommet de Tamgout, nous barre l'horizon de ce côté et nous cache la vue de la mer. Du côté de l'Ouest, le soleil se couche dans une éclaircie étincelante, bordée de nuages en fusion. Des traits de lumière, lancés horizontalement, éclairent en enfilade les crêtes des collines et les vallées du Sebaou et du n'Aït-Ayed, et viennent se perdre dans les brumes, dont le Thaltatt est ouaté derrière nous. Par là, à l'horizon, les sommets bien connus du Tegrimoun et du Bou-Zegza s'incendient d'une lumière intense, chaude et dorée, avec des reflets roses d'une délicatesse infinie. Cet éblouissement du couchant nous empêche de distinguer de ce côté les détails du paysage, et assombrit encore à nos yeux le linceul de nuages qui voile vers le Sud le Thaltatt et l'Azerou ou Gougane. L'Akouker disparaît complètement derrière le promontoire que nous avons contourné en arrivant. Sous nos pieds, dans la vallée profonde du Tacift n'Aït-Ayed, qui se creuse en bas du Kouriet, c'est un fouillis de verdure, d'arbres vigoureux et frais, au milieu des champs d'orge et de blé. Les crêtes des coteaux sont hérissées de villages. Le « champître » nous indique du doigt Tiroual et Tiguemounine où nous devons passer demain.

Mais on vient nous chercher : le souper nous attend. Les convives prennent place en plein air, assis sur des pierres, ou sur des caisses, perchés un peu au hasard, comme des poulets surpris par la nuit. Des lanternes vénitiennes accrochées çà et là répandent une obscure clarté sur ce campement de bohémiens. Cependant, du haut de la mosquée, le muezzin, appelant les fidèles à la prière, jette ses notes claires dans le calme du soir. Leblays nous sert l'obligatoire soupe à l'oignon qu'on absorbe jusqu'à la dernière goutte et qui précède un rata savamment composé avec des morceaux du méchoui d'hier. Les assiettes du Club sont des ustensiles de civilisation fort appréciés en cette circonstance. Puis, un indigène nous apporte de la part du caïd, dans un immense plat de bois épais de 5 centimètres, une montagne de couscouss, de quoi nourrir un régiment. Munis chacun d'une petite cuiller en bois, nous puisons à même dans ce monceau, terrible, n'y faisant, du reste, que des brèches inappréciables. Après nous, nos muletiers et les intrus, des parasites, venus on ne sait d'où, attirés à coup sûr par l'appât d'un festin, forment le cercle autour de ce plat qui aurait pu servir de table ronde aux chevaliers des chansons de geste, et en font disparaître le contenu avec une prestesse remarquable. L'un d'eux, pour digérer, sans doute, nous demande un « morceau d'absinthe ». Tout à coup, un serviteur de la maison ouvre, derrière nous, une porte sombre, qui donne peut-être accès dans la caverne des quarante voleurs d'Ali-Baba ; mais non, c'est tout simplement un magasin d'épicerie minuscule ; le caïd, sans doute, est le Félix Potin de l'endroit. Sucre, café, chandelle, pruneaux, tout cela est entassé au hasard. Un paquet de bougies, dans le plateau d'une balance antédiluvienne, sert de poids unique.

Et maintenant, dormir ou ne pas dormir, *that is the question*, comme disait si éloquemment Hamlet, dans un accès de désespoir et de mélancolie, en songeant, comme nous, aux morsures éventuelles des puces kabyles. La caravane se répartit dans les locaux dormitatoires. Nous avons soin d'attirer avec nous, dans la chambre où nous prenons place, Lemoine, Barthélemy, Reynier et moi, notre bon ami Delory qui a la spécialité d'accaparer cet insecte non ailé, que l'on a puce appelé, et dont les morsures sont si peu soporifiques. Mais le traître a eu le toupet de se munir de poudre de pyrèthre, et sème un cordon sanitaire autour de ses positions. On s'étend tout habillé sur une couche de fougère fraîche, en invoquant Morphée et ses pavots. Ah bien oui ! à peine la chandelle soufflée, voilà la danse qui commence ; des miliers de puces grouillent sur nos individus et, en se dédommageant des jeûnes passés, se préparent aux jeûnes futurs. Si seulement Delory en prenait sa part ; mais le coquin ronfle déjà, la conscience tranquille, les tibias indemnes, prouvant, par son calme même, l'efficacité de l'insecticide. Le sommeil vient pourtant, car on se blase même sur ces chatouillements désagréables. Ces puces hantent mes rêves sous la forme de bêtes de l'Apocalypse, aux mandibules effrayantes et aux bonds désordonnés. Un de ces monstres jette son dévolu sur moi, et d'un saut formidable se précipite sur mon épaule, la gueule ouverte. Je pousse un cri de détresse. C'est mon voisin Lemoine qui, ayant écarté dans son sommeil le sac sur lequel il reposait sa tête, le cherche dans l'obscurité, et, à demi éveillé, a pris pour son oreiller ma propre personne qu'il secoue vigoureusement en s'étonnant de la résistance éprouvée.

D'Aït-Touddeurt à Tiroual et à Tiguemounine

17 avril. — De grand matin. avant le départ, nous montons au-dessus du village, sur la pente du Kouriet, pour embrasser une dernière fois le paysage splendide. La journée s'annonce magnifique. L'Azerou ou Gougane et la dent formidable du Thaltatt resplendissent dans la gloire du soleil matinal, baignés d'une lumière rose et violette inconnue à nos ciels d'Europe. Des plaques de neige s'étalent au sommet. Derrière, une pointe, qui se distingue à peine de cette première crête, marque le faîte du Lalla Khedidja. La traite n'est pas longue à faire, le village de Tiguemounine, à quelques kilomètres d'ici, étant le but de l'étape. Aussi, n'avons-nous gardé pour aujourd'hui que les mulets indispensables au transport des bagages. On dévale d'abord à grandes enjambées par un sentier fort raide qui nous mène au fond de la vallée du n'Aït-Ayed. La descente est délicieuse dans la fraîcheur et la clarté du matin ; nous revoyons, l'éperon une fois dépassé, les pentes vertigineuses et la tête enneigée de l'Akouker, vis-à-vis des contreforts escarpés rouges et bleus du Kouriet.

Plus loin, sur notre droite, un nouveau sommet se découvre ; c'est l'Azerou-Es Guessig, bien reconnaissable à sa pyramide régulière et au tricorne de neige qui le coiffe. Ce monstre presque anonyme aura bientôt l'honneur de porter le nom de Pressoir, notre sympathique et dévoué secrétaire, lorsque les vacances de la Pentecôte nous auront permis d'escalader ses flancs vierges et de faire sur son sommet à son vénéré parrain un vigoureux *shampooing* au champagne, avec libations du même liquide au génie de la montagne. Sur notre gauche, de l'autre côté du ravin profond et dénudé, se détachent vigoureusement en rouge, sur les schistes bleuâtres, les robes des femmes kabyles qui recherchent de l'argile à poterie. La vallée est large, plantée d'oliviers énormes sur les bords de l'oued limpide. Le torrent est assez profond pour que la coopération des mulets soit nécessaire ; quelques montures suffisent du reste à transporter les touristes sur l'autre rive, deux par deux.

Sur la berge, quelques indigènes d'un village voisin nous entourent, respectueusement. Un pauvre vieux mendiant, ridé, flétri, racorni, ratatiné comme les sorcières de Macbeth, une ruine ambulante dans des haillons sordides, cherche à arracher quelques sous à notre charité par ses lamentations répétées. On le photographie à son insu, pendant qu'une pièce de deux sous attire son attention, car Mahomet défend à ses fidèles la reproduction des traits humains par la peinture ou le dessein, et la photographie est comprise par ses adeptes dans cet anathème.

Pendant que les mulets gagnent directement Tiguémounine, nous grimpons sur l'autre flanc du ravin, vers l'Aiguille de Thaltatt dont nous devons essayer l'escalade. Mais voici bien une autre affaire : les brumes d'hier que nous croyions envolées à jamais reviennent plus épaisses, voilent successivement le pic Pressoir et l'Akouker, rongent goulûment les flancs de l'Azerou ou Gougane et rampent déjà, sinistres et menaçantes, sur la muraille du Thaltatt dont nous atteignons enfin la base. La pluie commence à tomber ; sauve-qui-peut général ; le rendez-vous est à une grotte creusée au pied de la montagne, bien connue des petits bergers de la région et du Kabyle qui nous guide. C'est là que nous nous retrouvons tous, quelque peu trempés, mais vite rassurés par l'arc-en-ciel qui brille dans la direction de Fort-National dont les maisons resplendissent tout ensoleillées. Ce n'était qu'une ondée, mais il faut tout de même renoncer à l'ascension. Nous devons nous borner à pousser une pointe aux environs, jusqu'au fond d'une ravine sauvage, encombrée de rochers gigantesques et encaissée entre des murailles à pic de granit bleu veiné de rouge. Çà et là, dans les pierres, un coin de terre cultivé, planté de figuiers et d'amandiers, car le moindre pouce de sol est utilisé en ce pays trop peuplé.

Retour à la caverne et déballage des provisions que des porteurs indigènes ont montées à notre suite. Il est un peu tôt, mais, que faire en ce gîte, à moins que l'on ne dîne? Le repas est fort gai, malgré ce contretemps. On dirait une halte de brigands ou de naufragés, nos Kabyles figurant assez bien des Vendredis, et Leblays posant pour le Robinson Crusoé avec la peau de mouton qui l'enveloppe et empanache d'une queue touffue sa bonne face rubiconde. Musique pendant le repas : des petits pâtres kabyles, qui gardent leurs chèvres et leurs moutons dans la montagne, lancent aux échos des notes gutturales de leur chanson sauvage comme des aboiements de chacal. Le repas est suivi d'un exercice intéressant fort apprécié des anciens Grecs, le clou des jeux olympiques : nous lançons, sinon des javelots ou des disques, du moins des pierres, des fragments de montagne comme feu Polyphème. Le casque de liège de Loyer, planté au bout d'un bâton à une cinquantaine de mètres, sert de cible. Les Kabyles, habitués à jeter, dès leur enfance, des pierres à leurs chèvres qui s'écartent, excellent dans l'art de la balistique. Les nôtres sont admis à l'honneur du concours ; une pièce de dix sous est promise au vainqueur. Il faut voir avec quelle vigueur

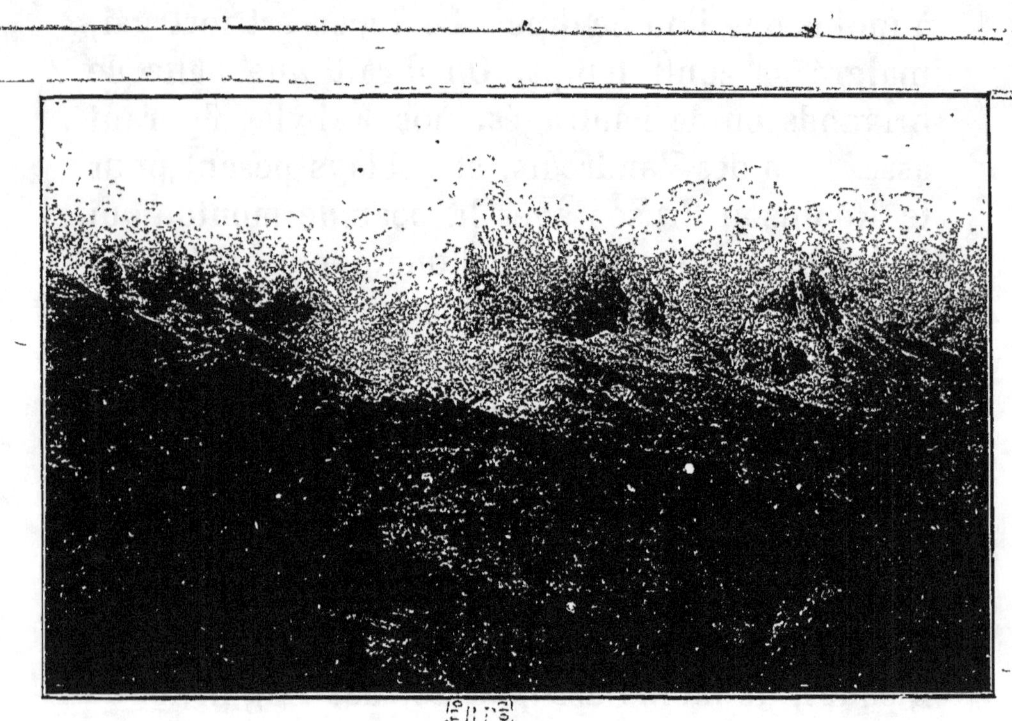

Montagne des Beni Acchache et Beni Oisîf

ils lancent leurs projectiles, un grand diable
surtout, aux mollets rebondis, aux biceps vigoureux, à le peau tannée, aux yeux étincelants.
Nous soutenons dignement, Loyer et moi, l'honneur du nom français, et atteignons le but en
vieux potaches habitués à casser subrepticement,
d'un caillou bien jeté, les carreaux de « la boîte ».

Puis, le ciel complètement rasséréné, la troupe
quitte cet abri provisoire et s'engage dans un
sentier qui serpente aux flancs d'un ravin, entre
les figuiers et les frènes, jusqu'au village de
Tiroual, que nous atteignons après trois quarts
d'heure de marche. Là, au Nord du chemin, coule
une fontaine qui se répand dans plusieurs bassins
de pierres primitifs. C'est le lavoir de l'endroit,
le temple de la Médisance où piétinent au milieu
d'un marécage plusieurs représentantes du beau
sexe, des foulards sombres sur la tête, leurs robes
rouges à peine serrées à la ceinture. La scène est
pittoresque ; tout ce personnel tatoué, femmes et
fillettes, jacasse sans vergogne, vite rassuré sur
nos intentions ; les unes battent, de leurs pieds
qu'un poète seul qualifierait de blancs, des linges
informes, de couleur vague, ou les frappe à
coups redoublés d'un rouleau de bois ; d'autres
lavent la laine dans des plats à couscouss ; d'autres
encore agitent dans les réservoirs des noyaux
d'olive tirés du pressoir, pour recueillir l'huile

qui flotte sur le liquide couleur de purin. Des gamines viennent puiser de l'eau dans des amphores vernissées, décorées et pointues, qu'elles portent sur les reins, en tenant l'anse par-dessus l'épaule.

Tout à coup, par une déchirure du brouillard, qui rampe toujours aux flancs de la montagne, la pointe du Thaltatt émerge, comme une apparition de saint dans un tableau de la Renaissance, tandis que les nuages roulent au-dessous, chassés par le vent qui déploie leurs draperies fugitives. Parfois, la déchirure s'agrandit et dévoile à moitié les pentes vertigineuses, taillées à pic, d'autant plus formidables qu'on n'en voit qu'une partie. Il ne nous reste plus qu'à contourner un ravin qu'emplit une dégringolade de chênes-verts pour arriver à Tiguemounine, que nous voyons sur l'autre crête. Là, au bout du cimetière hérissé de pierres plates entre lesquelles le sentier serpente, la maison d'école, notre gîte de cette nuit, semble un anachronisme en pierres de taille, tellement le contraste est frappant entre ce logis propre et confortable et ces pauvres huttes grisâtres qui se groupent près d'ici et dont les inconvénients nous sont connus déjà par l'expérience de maintes nuits d'excursion. Dans la salle d'école, une couche épaisse de diss nous promet un sommeil profond. Les tables, entassées dans un coin, nous

laissent de la place, et l'instituteur met gracieusement à notre disposition son mobilier et sa vaisselle. Décidément, c'est la civilisation : nous avons
des tables, des chaises et des verres ; le feu s'allume
dans la cheminée, et le cuisinier se met en devoir
de nous confectionner un dîner fin. Le « champître » a amené tous nos bagages. Nous avons
maintenant pour nous guider, au lieu du cavalier
de Dra-el-Mizan qui va regagner son poste, un
brigadier indigène de Michelet, que l'administrateur nous envoie, un beau et vigoureux gaillard,
calme et majestueux dans son burnous rouge. La
caravane s'orne encore d'un cuisinier d'Azazga,
un professionnel indigène qui accompagne dans
leurs tournées les employés du gouvernement ;
convoqué à l'avance, il vient mettre à notre service ses talents culinaires et travailler sous la
haute direction de Leblays.

A l'entrée de l'école, une douzaine de pauvres
diables faméliques, des Kabyles du village, rassemblés par la trompette de la Renommée, hument, le
nez au vent, le fumet de toutes ces bonnes choses qui
mijotent sur le feu et dont Mahomet leur interdit
la dégustation. Comme toujours, à la soupe et au
rata succède le couscouss escorté de sa sauce
pimentée, que le président de la tribu nous envoie
avec force morceaux de poulet et de mouton. Nous
nous rappelons à propos que nous sommes à la

veille de Pâques, et, pendant que les plus fatigués se couchent sur le diss, nous ingurgitons à petits coups un punch au rhum assaisonné d'une pipe succulente, sans que nos gais propos troublent en rien le repos des dormeurs, comme en témoignent bientôt des ronflements énergiques.

De Tiguemounine aux Aït-Ouabane

18 avril. — Le jour de Pâques, promet d'être splendide. Nous devons aller coucher ce soir au village des Aït-Ouabane, au pied du Lella-Khedidja ; la course n'étant pas longue, nous formons le projet de retourner ce matin sur nos pas, pour pénétrer à l'intérieur de la grotte où nous avons déjeuné hier, et dont l'instituteur nous fait une description enthousiaste. Elle s'enfonce, paraît-il, très profondément dans la montagne, si loin qu'il faut plusieurs heures pour en atteindre l'extrémité. Aujourd'hui nous nous bornerons à une reconnaissance partielle et nous en remettrons l'exploration complète à plus tard. Nous partons au nombre de sept, munis simplement de bougies et de la lampe du Club. Notre attirail spéléologique est donc fort rudimentaire. À l'entrée, nous retrouvons les reliefs de notre festin d'hier. La caverne, vaste au début, se resserre bientôt en un boyau étroit encombré de pierres énormes entre lesquelles on se glisse un à un, les lampadophores ouvrant et fermant la marche. Un pas difficile : c'est une ouverture exiguë, par laquelle il nous faut ramper à quatre pattes au-dessus d'un lac en miniature, sans doute la baignoire du génie de la grotte, que les infiltrations ont creusée et remplie par un égouttement lent et prolongé. On se glisse avec des précautions infinies, en mirant au passage, dans le scintillement des bougies, son individu dans cet océan microscopique qu'on domine comme des colosses de Rhodes à plat ventre. Un faux mouvement de Delory lui fait plonger le genou dans l'onde perfide. Un peu plus loin, un trou se creuse au fond duquel on se laisse tomber sans crainte. Nous arrivons alors à la salle d'apparat, une chambre irrégulière de vingt mètres carrés, ornée de blanches stalactites, de colonnettes cannelées éblouissantes, et d'un rideau dentelé de calcaire, voilant à demi une anfractuosité. Là-haut, près du plafond, à trois mètres au-dessus de nos têtes, le sentier se poursuit ; mais la muraille est à pic, nous n'avons ni corde ni échelle, et nous battons en retraite avec le regret de ne pouvoir aller reconnaître aujourd'hui la cause d'un bruit puissant et mystérieux que nous entendons dans les entrailles de la montagne, comme la chute d'un Niagara souterrain au fond d'un abîme. C'est une excursion à recommencer. Le retour est mouvementé. Il faut remonter de cette cuvette à la force du poignet et hisser les suivants par le fond de la culotte. Sergent senior, plus lourd que son cadet, s'accroche fortement au rebord; nous nous cramponnons avec énergie, Loyer et moi, à son paletot pour l'aider à se lever. Mais un craquement sinistre se fait entendre, et une déchirure majuscule se produit dans la veste de notre ami, prouvant ainsi la vigueur de nos efforts combinés. Nous revoyons le jour après une heure et demie de promenade souterraine. A Tiroual, nous assistons encore à la scène biblique de la fontaine.

Un bon déjeuner nous attend : une poule au riz fume sur la table; la poule n'est pas précisément tendre ni grasse : les poules kabyles le disputent en sobriété, non seulement au chameau, mais à leurs maîtres eux-mêmes. Le riz que nous avons apporté d'Alger n'est peut-être pas de première fraîcheur; mais Leblays et son aide ont su y ajouter un je ne sais quoi, un arome délicat qui prouve le génie culinaire de ces cordons bleus Notre appétit, du reste, est complice de leur talent.

Pendant le déjeuner, les brumes matinales qui drapaient la montagne se dissipent, et, par la fenêtre grande ouverte, nous apercevons dans toute leur splendeur l'Akouker et l'Azerou ou Gougane chenus avec leurs champs de neige et les murailles du Thaltatt teintes de gris rosé. Au bout de la chaîne, vers l'Ouest, paraît même le bloc superbe du pic de Galland; cette vue nous fait encore plus regretter qu'une indisposition passagère ait empêché notre aimable président de se joindre à nous pour contempler au moins sa montagne, et nous divertir par ses récits pleins d'une bonhomie si verveuse. A côté, barrant l'horizon de son triangle, le pic Pressoir avec son tricorne de neige.

A une heure et demie les trompes sonnent le boute-selle. Quinze mulets nous attendent, flanqués de leurs maîtres. On charge les bagages, et la caravane s'ébranle vers l'Est, les cavaliers à moitié assoupis par la chaleur, par le bercement de leurs montures et la digestion laborieuse d'un festin plantureux. Nous longeons une chaîne de montagnes de 1,800 à 2,000 mètres, qui nous cache le Lella-Khedidja. La route est accidentée : un ravin profond plein de figuiers, d'oliviers, de chênes verts, de frênes et de caroubiers, puis une montée fort rude par un sentier en lacets. Loyer, voulant couper au court, presse son coursier qui s'abat et fait passer par-dessus sa tête notre camarade, centaure pourtant fort expert. Un troupeau nombreux de chèvres et de bœufs minuscules, à la tête sauvage, nous barre le passage. Il faut attendre que ce flot de bêtes se soit écoulé. Nous atteignons, en haut de la montée, le village de Bou-Adenane, très blanc et très propre par exception ; le fils de l'*amine*, élève du Lycée d'Alger, vient, sur la mule paternelle, saluer ses professeurs Leblays et Pressoir et nous escorter quelque temps.

Nous revoyons derrière nous tous les pics majestueux qu'une croupe nous cachait. Vers le Nord-Est, nous découvrons, émergeant derrière une crête, le sommet de l'Azerou n'Tohor. Nous arrivons bientôt au village de Tala n'Tazert, au bord d'une vallée profonde et verdoyante où il nous faut descendre par un escalier naturel, à l'ombre d'arbres gigantesques dont la fraîcheur nous semble suave. Une partie de la caravane s'est égarée en route en voulant prendre l'avance et errer par les méandres de sentiers capricieux au fond du vallon. Ils en seront quittes pour une heure de retard. La chaîne que nous suivons se fend brusquement pour livrer passage à un oued vagabond. Nous pénétrons par cette large porte naturelle dans la vallée des Aït Ouabane. Au-dessus du sentier, sur notre droite, dévalent des pentes embroussaillées, hérissées de rochers énormes ; à gauche, à cent mètres au-dessous de nous, écume le torrent bordé de l'autre côté par des à-pic vertigineux. Nous passons le ruisseau un peu plus loin, sur un pont branlant de feuillage et de terre.

La vallée des Aït Ouabane est une vaste cuvette elliptique où seul donne accès le défilé que nous venons de franchir. De tous les côtés se dressent de hautes montagnes ; on n'escaladerait que péniblement leurs pentes abruptes, piquées de cèdres clairsemés, dont le tronc difforme et le feuillage grêle se decoupent sur les plaques de neige. Vers le Sud-Ouest, on voit les premiers contreforts de Lalla Khedidja et deux premiers pitons de 2,000 mètres au moins, qui nous cachent le sommet principal. Deux ou trois villages entassent leurs pauvres huttes dans le fond, au bord de l'oued. Nous devons loger, aujourd'hui encore, dans la salle d'école.

Nous sommes attendus, tout est prêt pour nous recevoir. Le président, qui habite un village des environs, s'est dérangé pour venir nous offrir une hospitalité plus qu'écossaise, car deux moutons que l'on écorche à notre intention nous promettent un ravitaillement fort complet. L'instituteur indigène montre envers nous la plus grande complaisance et nous fait les honneurs de son logis. Quelques-uns de ses élèves qui parlent français se précipitent pour nous chercher de l'eau et nous rendre tous les menus services dont les civilisés ont besoin. Ces boys improvisés sont des gaillards adroits, intelligents et ambitieux ; l'un d'eux, le fils de l'amine, nous a réclamé des livres pour compléter son instruction, et obtenir une place dans quelque administration, le titre de fonctionnaire, surtout si les insignes sont brillants, étant fort recherché de ces nouveau-nés de la civilisation. Un grand saladier d'oranges nous est apporté. Le souper s'élabore dans la cheminée de l'école, pendant que le méchoui rôtit au grand air dans une flambée vigoureuse. Comme tous les soirs, nous sommes entourés d'une bande d'indigènes qui se délecteront tout à l'heure des reliefs de notre repas ; ils pourront faire bonne chère, car l'amine de ce pauvre village nous a généreusement traités, et s'est montré même trop respectueux des lois de l'hospitalité. Nous lui avons envoyé depuis, à titre de souvenir, une montre d'acier bruni qui fait, paraît-il, la surprise et l'envie de tous les indigènes de la région, auxquels il la fait admirer dans les marchés, à dix lieues à la ronde. La réputation du Club Alpin est solidement établie dans cette contrée.

A 10 heures, après une petite promenade au clair de lune, nous nous jetons tout habillés sur le diss et les tapis à haute laine étendus le long des murs.

Ascension du Tamgout de Lalla Khedidja
(2,308 mètres)

19 avril. — Nous sommes vertueux, et nous verrons paraître l'aurore. A 3 heures, tout le monde est sur pied, car il s'agit d'escalader le Lalla Khedidja, et ce n'est pas une mince besogne. La lune brille dans un ciel pur, baignant d'une lueur douce les montagnes grises qui nous entourent de tous côtés. On s'étire vigoureusement, on se plonge la tête dans l'eau fraîche et on se met en marche, l'estomac lesté d'une tasse de café bien chaud. Avec nous, viennent deux porteurs, pour monter là-haut dans des couffins le déjeuner que nous emportons. Il faut d'abord traverser, dans cette demi-obscurité, la cuvette dans toute sa longueur jusqu'à la montée rude qui doit nous mener au sommet ; on avance avec quelque hésitation dans un sentier raboteux, les heurts et les mauvais pas ralentissant notre allure. Nous repassons sur les ponts rustiques qui franchissent le torrent et nous gravissons les premières pentes de la montagne. Derrière nous, par delà un col de 1,500 mètres, le soleil encore caché blanchit le ciel. L'instituteur indigène nous rejoint, le fusil en bandoulière, avec l'intention de tirer quelques perdrix si l'occasion s'en présente. Le sentier grimpe en lacet au flanc d'un contrefort, le massif, coupé d'abîmes neigeux, étant inabordable de face. A mesure que nous montons. nous découvrons la chaîne entière que termine le Lalla Khedidja : au premier plan, un pic de 2,018 mètres, puis un autre de 2,078 mètres, et sur le prolongement, un troisième de 2,140 nous cachant le monstre lui-même.

Après deux heures et demie de marche, nous atteignons le col de Tizi n'Kouïlal, une sorte de trait d'union jeté entre le massif du Khedidja et la partie orientale de la chaîne principale du Djurjura dont nous voyons les principaux sommets, le Thaltatt, l'Akouker, etc., se profiler à droite sur un ciel sans nuage. Au pied de ces géants se creuse une vallée profonde, aride, ravinée, coupée de promontoires, rayée de neige en longues coulées, et séparée de la cuvette des Aït-Ouabane par le col que nous franchissons.

Nous nous lançons sur la gauche à l'assaut du premier pic, dont nous contournons le sommet. Rien n'est perfide comme ces traînées de neige gelée sur lesquelles le moindre faux pas peut nous précipiter en des chutes de plusieurs centaines de mètres. Des pensées s'épanouissent çà et là dans les touffes de gazon, entre les plaques de neige à moitié fondue, sous les cèdres clairsemés et mutilés par les orages. Nous passons aussi dédaigneusement sur le versant occidental des deux autres pics d'avant-garde, nous arc-boutant sur nos alpenstocks aux endroits dange-reux, avançant lentement et avec précaution sur les champs de neige glissants. Encore un effort pour arriver au dernier piton. Mais la montagne est gardée de ce côté par un passage difficile : il faut franchir une coulée de neige large de cinq à six mètres en pente très raide, qui se précipite en cheminée jusqu'au fond d'un ravin très pro-fond. Une glissade coûterait cher en pareille cir-constance. Nous passons, Reynier et moi, sans voir le danger, avec l'imprévoyance de la jeu-nesse. Mais les suivants, plus expérimentés et plus circonspects, font tendre d'un bord à l'autre une corde secourable. Précaution fort opportune, car Lemoine, à qui le pied manque, n'a que le temps de se raccrocher au câble avec l'énergie du désespoir.

L'escalade suprême est pénible ; nous parve-nons enfin au sommet à 10 heures et demie. Trois huttes à demi ruinées, et le cône de pierre élevé autour d'un bâton par le service topographique, nous prouvent assez que notre montagne n'est pas immaculée et que Madame (Lalla) Khedidja n'est plus une Jungfrau. Madame Khedidja était une sainte des vieux temps, qui a vécu, comme les poètes, sur les hauts sommets. Le parfum de ses vertus embaumait la Kabylie entière. Les éléments étaient à ses ordres ; elle se payait parfois de jolies promenades sentimentales, à cheval sur des rochers dociles qui lui servaient de manche à balai. Après sa mort, la montagne garda son nom et on lui éleva sur la cime qu'elle avait aimée le triple marabout vénéré dans toute la région : pauvre marabout, du reste ; des cabanes basses, éventrées par la neige, leur tuiles déplacées laissant voir les chevrons pourris ; elles sont pleines de débris de poterie, de loques multicolores et de ces lampes d'argile vertes ou jaunes, fort primitives, pareilles à des bougeoirs. Une cavité prolongée en bec sert à contenir l'huile et la mèche. Ce sont des ex-voto que les fidèles offrent pieusement à la sainte, qui guérit, paraît-il, certaines maladies. Aussi les Kabyles viennent-ils faire sur ce sommet de pieux pèlerinages. Une dizaine d'ascensions équivalent à un voyage à la Mecque, et confèrent aussi à l'alpiniste le titre de hadj, avec un degré de sainteté en moins pourtant.

Les pierres du marabout et du signal sont constellées de coccinelles qui se sont rassemblées là, par milliers, et se chauffent en tas, au bon soleil, comme des fruits vivants d'un rouge éclatant piqué de noir. Tout cela grouille, et anime le sommet, au-dessus duquel nous voyons avec surprise voler quelques alouettes et un papillon blanc égaré à cette altitude. L'épais tapis de neige que nous foulons et dans lequel nous enfonçons parfois jusqu'aux genoux, n'est pas très chaud. Il faut nous mettre sous les pieds en guise de poufs quelques pierres plates plus solides et plus sèches. C'est dans cette situation que nous dégustons le contenu de'nos couffins, en présence d'un spectacle grandiose.

Vers le Nord s'étend toute la Grande Kabylie, avec ses chaînes successives de collines orientées de l'Est à l'Ouest ; nous retrouvons comme points de repère de vieilles connaissances des excursions précédentes : la forêt d'Yacouren, le Tamgout des Beni-Djeunâd, Fort-National, Michelet, la vallée sinueuse du Sebaou du côté de Dellys, et, barrant l'horizon, la ligne bleue de la mer. Non loin de nous, vers l'Ouest, se dresse le Thaltatt qui nous écrasait hier de sa masse, et que nous contemplons aujourd'hui du haut de nos 2.308 mètres, avec mépris, comme les quarante siècles devaient contempler du haut des Pyramides les soldats de Bonaparte ; derrière, le massif énorme et tourmenté de l'Akouker, aussi majestueux et presque aussi élevé que Lalla Khedidja, prolongé par les crêtes dentelées du pic Ficheur et de l'Haïzeur. A nos pieds, vers le Sud, en bas de pentes vertigineuses, au-dessous de Talla Rana et de sa belle forêt de cèdres, serpente le Sahel entre de hautes collines embroussaillées ; il fait un coude pour contourner vers le Nord-Est la chaîne du Djurjura et aller se jeter dans le golfe de Bougie. Au delà, un pays très mouvementé, par fois noir de forêts, et plus loin encore, les lignes bleuâtre des montagnes qui bordent les Hauts-Plateaux. L'air et si limpide que nous distinguons vers le Sud-Est, embrumée partant par la distance, une montagne dont le fantôme se dresse dans le lointain ; c'est peut-être le Chélia de l'Aurès. Du côté de Bougie, s'enlèvent sur le ciel clair les sommets des Babors et des montagnes majestueuses qui dominent les gorges célèbres du Châbet el Akrâ. Le Lalla Khedidja se prolonge vers le Nord-Est par une ligne de crêtes moins élevées, aux teintes délicates bossuées ça et là de pics comme le piton de l'Azerou-n'Tohor, et les aiguilles des Zikki. Tout autour de nous se creusent des vallées profondes coupées de croupes. Nous reconnaissons la cuvette des Aït-Ouabane bien amoindrie, et, de l'autre côté, la tache blanche de Tiroual dans la verdure.

A pareille altitude, on mange toujours de bon appétit, et nous sommes fidèles à cette saine coutume, bien que le déjeuner soit attristé par le départ de trois d'entre nous, MM. Sergent et Lung, qui dévalent par Tala Rana et vont gagner Maillot pour prendre le train d'Alger. Le moment dés adieux est arrivé ; les déserteurs se mettent en route. Que Madame Khedidja leur soit propice !

A une heure, le reste de la caravane, après un bout de sieste au soleil, redescend par le sentier du matin. La dégringolade est précipitée, bien que les dalles de calcaire, qui hérissent notre chemin de leurs arêtes coupantes, ne soient pas précisément favorables à notre course. Près du point 2.078 mètres, nous prenons sur la droite, par un ravin très abrupt, mais arrosé de sources nombreuses ; l'humidité, constamment entretenue par les plaques de neige fondante, alimente une végétation d'une fraîcheur très rare dans ces montagnes arides. Des pentes gazonnées s'inclinent doucement jusqu'aux bords d'un oued vagabond, toutes parfumées de violettes, de pâquerettes, de pensées et de primevères, et semées de cèdres centenaires. Nous sommes encore à 1.500 mètres. Par des lacets capricieux sous les chênes verts nous rejoignons le sentier qui nous a amenés et nous rentrons aux Aït-Ouabane au crépuscule, après une journée bien employée : onze heures de marche et des coups de soleil sur la nuque. Des ablutions dans l'oued, un souper gargantuesque, un sommeil prolongé nous reposent des fatigues d'aujourd'hui et nous préparent à celles de demain. Nous devons en effet continuer notre route vers le Nord-Est, escalader le col qui domine de ce côté la vallée des Aït-Ouabane, abandonner là à leur malheureux sort Pressoir et Meunier, décidés à regagner Mailloi et la capitale, et suivre la ligne des crêtes jusqu'à El-Kseur, en passant par les aiguilles des Beni-Zikki et la forêt de l'Akfadou.

Cette excursion, du reste, agrémentée d'un temps splendide, nous a laissé de bien doux souvenirs. Ce n'est pas un voyage banal que de courir les aventures, huit jours durant, loin de toute civilisation, couchant tout habillés dans des gourbis sombres et peuplés. A El-Kseur, seulement, la lecture d'un journal datant de la semaine précédente nous apprit que la Grèce avait déclaré la guerre à la Turquie. Cette vieille nouvelle qui avait troublé l'Europe n'avait eu aucun retentissement dans les régions sauvages que nous parcourions. Je laisse aux moralistes le soin d'en tirer des conclusions.

DU TAMGOUT DE LELLA-KHEDIDJA A EL-KSEUR

PAR LA

Ligne des Crêtes du Djurjura oriental et la Forêt de l'Akfadou [2]

Dans le précédent article, mon excellent collègue et ami, M. Tabary, a donné la relation de la première moitié de l'excursion faite par douze membres de la Section de l'Atlas aux vacances de Pâques 1897. Comme son récit détaillé s'arrête après l'ascension du tamgout de Lella-Khedidja (2,308 mètres), point culminant de la chaîne du Djurjura, je me permets de donner quelques détails sur la seconde moitié de la course qui, à proprement parler, ne relève pas de l'alpinisme, mais n'en a pas moins été fort intéressante par le pittoresque des régions traversées et peut tenter des touristes pacifiques qui ne cherchent pas les émotions et les fatigues des hauts sommets.

---

(1) Article publié dans l'*Annuaire* du Club Alpin. Année 1897.

Des Aït-Ouabane aux Beni-Zikki

20 avril. — Après l'ascension de la veille qui a nécessité une marche effective de onze heures en terrain varié, chacun reste paresseusement étendu sur la couche de diss qui tapisse le plancher de la salle d'école des Aït-Ouabane ; aussi est-ce seulement à 8 heures que nous nous mettons en marche après avoir remercié nos hôtes, l'amin et l'instituteur indigène, de la cordiale hospitalité qu'ils nous ont offerte. Il s'agit de sortir de la profonde cuvette que forme l'étroite vallée des Aït-Ouabane pour gagner la ligne des crêtes de la seconde moitié de la chaîne du Djurjura qui se prolonge jusqu'à Bougie et se termine par le sommet du Gouraya surplombant la mer d'une hauteur de 600 mètres. Par un sentier extrêmement raide qui serpente à travers une forêt de beaux chênes zéens, nous atteignons bientôt le Tizi-N'Aït-Ouabane. En cet endroit, la caravane subit une deuxième amputation. La veille, au sommet du Khedidja, trois de nos camarades nous ont quittés ; au col des Aït-Ouabane nous en perdons encore deux : MM. Pressoir et Meunier qui vont descendre sur Maillot pour ensuite regagner Alger où les appellent des affaires urgentes.

A 10 heures un second col, celui de Tirourda

où passe la grande route allant de Fort-National à Maillot par Michelet. Dans les années pluvieuses, ce col est obstrué par les neiges de novembre à mars, et l'année précédente, vers le 10 avril, afin de frayer un passage à la voiture de M. le Ministre de l'Instruction publique qui faisait un voyage dans cette région, on a dû faire travailler pendant plusieurs jours des centaines de Kabyles ; mais comme des alpinistes ne se déplacent point en pareil équipage, nous n'avons aucune inquiétude, et d'ailleurs, la saison étant plus clémente, c'est à peine si, çà et là, il reste encore quelques plaques de neige durcie.

A 11 h. 1/2, nous atteignons le pied de l'Azerou-N'Tohor (1884 mètres), sorte de pyramide très déchiquetée et dont l'escalade, en partant du plateau où nous nous trouvons déjà, ne demande guère plus de 20 minutes. De ce sommet, la vue est incomparable : se détachant sur le bleu profond du ciel, nous apercevons dans la direction de l'Ouest la dent de l'Haïzeur (2,125), l'énorme massif de l'Akouker dont le sommet (2,305 mètres) est défendu par de vastes champs de neige, les aiguilles de Taltatt et enfin, un peu sur la gauche, le blanc manteau du Khedidja que nous avons foulé la veille. Dans les autres directions, le panorama quoique moins grandiose, n'en est pas moins fort beau, car la vue s'étend sur un rayon de

plus de 200 kilomètres, et dans les profondeurs
de l'horizon nous apercevons des lignes vapo-
reuses qui pourraient bien être les contours de
quelque massif de l'Aurès. Nous déjeunons sous
des cèdres qui s'accrochent aux flancs abrupts de
ce pain de sucre et c'est avec peine que nous
quittons ce site enchanteur à 1 h. 1/2 pour continuer notre route, droit vers le Nord.

A 4 heures, col de Chellata. Ce col, qui sert de
passage entre la vallée de l'Oued-Sahel et celle
du haut Sébaou, est très fréquenté par les Kabyles;
mais, en hiver, il n'est pas toujours praticable,
même pour des piétons. L'année précédente, également à Pâques, le 6 avril, nous avons essuyé
une tempête de neige qui nous força à reculer et
nous dûmes renoncer à aborder les Beni-Zikki de
ce côté. Ah ! c'est que dans la Section de l'Atlas,
les Beni-Zikki ont une légende ! La très étroite
vallée où vivent ces braves gens disséminés dans
sept ou huit villages des plus misérables, est,
paraît-il, fort pittoresque, dominée par de hautes
aiguilles de rochers à pic ; mais, depuis près de
dix ans, aucune caravane du Club Alpin n'a réussi
à y arriver par le beau temps et ce sont seulement
les plus anciens de la Section qui ont pu nous
fournir quelques renseignements, car quatre ou
cinq tentatives successives n'ont jamais été cou-
ronnées de succès. En 1890, une caravane entière

faillit même s'enlizer dans les boues de cette nouvelle Pologne. Pour mon compte, j'y suis déjà venu en 1893, à Pâques, en partant de Michelet ; mais, suivant l'habitude, il pleuvait, tout était noyé dans un brouillard intense et je n'ai rien vu. Aussi nous nous félicitons d'arriver par un temps clair, et sur les 6 heures du soir nous faisons une entrée triomphale dans le village d'Agouni-Felkane. Nous commençons à être populaires dans ces parages, où, en dehors de l'administrateur et du percepteur, ne passe presque jamais un Européen, et le grand champître (garde champêtre) reconnaît plusieurs d'entre nous. Le cheik nous reçoit de son mieux, mais tout ce qu'il peut mettre à notre disposition est un mauvais gourbi, sorte de hutte obscure dont nous ne sommes pas pressés de prendre possession. Ce sera bien suffisant d'être obligés d'y passer la nuit ! Nous faisons notre cuisine en plein air et dinons de même. Mais la nuit est déjà venue depuis longtemps et, comme chez les Zikki les distractions sont plutôt rares, il faut se résigner à aller se coucher. L'opération est difficile. Enfin, avec beaucoup de bonne volonté et surtout de la souplesse, chacun arrive à se caser tant bien que mal et s'endort assez rapidement, car voilà la huitième nuit que nous passons ainsi tout habilés, et maintenant notre corps est habitué aux positions les plus extravagantes. Les puces elles-mêmes, les terribles puces kabyles, nous dédaignent, nous trouvent déjà trop sucés ou peut-être trop maigres.

Des Beni-Zikki à Kebouch

21 avril. — Avec une pareille installation, on n'a pas grand mérite à se lever tôt ; aussi avant 5 heures du matin, nous commençons à nous agiter, heureux de faire reprendre à nos membres une position normale. Notre toilette est rapidement faite et nous remettons un peu d'ordre dans notre matériel dont nous confions la partie la plus lourde et la plus encombrante (vaisselle, fûts de vin...) à notre excellent et bon camarade Leblays qui ne peut nous accompagner plus loin et est rappelé à Alger par ses devoirs de propriétaire. Nous voilà donc réduits à six ; mais débarrassés de bagages, nous formons une colonne des plus mobiles et que n'épouvantent pas de longues étapes.

Un peu avant 7 heures, nous sommes déjà en marche, accompagnés seulement de trois mulets qui portent nos manteaux et les vivres indispensables pour la fin du voyage et pourront en même temps servir de montures à ceux d'entre nous qui se trouveraient fatigués. Après une marche assez pénible, nous atteignons vers 11 heures le col de l'Akfadou et à midi la source de Tala Guitane. Nous réparons nos forces par un déjeuner sommaire, car notre ami Leblays n'est plus là pour nous préparer quelque plat savoureux et parmi nous il n'y a plus personne qui possède les qualités d'un cordon bleu. A 1 h. 1/2, en route et jusqu'à Kebouch, c'est une promenade sous bois, à travers la plus belle partie de la forêt de l'Akfadou. Malheureusement, les chênes qui la composent n'ont encore que des bourgeons ou de toutes petites feuilles, mais au mois de mai, ce doit être ravissant. Nous suivons un assez large sentier, dit *chemin du génie* et marqué sur les cartes d'état-major ; mais comme en certains endroits, la forêt est livrée à l'exploitation, on en rencontre d'autres, si bien qu'il est assez facile de s'égarer. C'est d'ailleurs ce qui nous arrive sur les 3 heures. Nos muletiers qui appartiennent à la tribu des Aït-Ouabane ne connaissent point cette région et ne nous sont d'aucun secours, mais la Providence, qui aime sans doute les alpinistes, veillait sur nous et après quelques tâtonnements, nous retombons fort heureusement dans le bon chemin qui nous conduit jusqu'à Kebouch, où nous arrivons à 6 heures. Nous nous installons à la maison cantonnière, bâtie sur le côté droit de la grande route allant d'Azazga à El-Kseur, à

28 kilomètres d'El-Kseur et à 46 kilomètres d'Azazga.

Le cantonnier et sa femme mettent à notre disposition les deux chambres d'hôtes dont ils disposent, aussi nous voilà retombés en pleine civilisation : nous dînons sur une table, assis sur des chaises, et pour coucher, nous aurons des lits, que d'ailleurs il faut partager fraternellement entre deux. Mais, hélas ! ces lits sont plutôt fatigués ; les sommiers n'ont plus que de vagues ressorts et les matelas ne peuvent donner que très imparfaitement l'idée d'une surface plane. Aussi, au moindre mouvement, les deux dormeurs sont précipités l'un contre l'autre, ce qui ne contribue pas beaucoup à assurer une nuit calme.

De Kebouch à l'Arbalou et à El-Kseur

22 avril. — Aujourd'hui, nous avons une forte course à faire. Un peu avant 6 heures, nous quittons nos hôtes de Kebouch et nos camarades Delory et Lemoine qui se proposent de gagner El-Kseur en suivant la grande route. Nous n'emmenons avec nous qu'un seul mulet qui porte quelques provisions pour notre déjeuner et un très léger bagage. A une vingtaine de kilomètres dans la direction du Nord, l'Arbalou dresse sa masse imposante, mais la longue croupe qui mène à son pied est tapissée d'un doux gazon sur lequel nous glissons avec rapidité. A 7 heures, nous sommes en face de la bergerie de Taourirt-Iril et à 10 heures, par le chemin du Maréchal Bosquet, nous atteignons le village de Aït-Youcef. C'est là que l'année précédente, avec mon ami Lemoine, nous avons été arrêtés comme déserteurs évadés du pénitencier militaire de Bougie et ensuite conduits sous bonne escorte à Toudja où l'instituteur démontra à nos vigilants gardiens que nous étions simplement d'innocents alpinistes. Les gens me reconnaissent parfaitement et l'un d'eux s'offre comme guide pour nous conduire au sommet de l'Arbalou (1,450 mètres). Mais la montée est rude, sur un terrain schisteux qui cède sous le pied et comme le siroco s'est élevé violent nous avançons avec beaucoup de difficulté. Enfin, après une heure d'efforts, nous arrivons à un col, et là, sans dire un mot, mais avec une unanimité touchante, nous nous laissons tomber sur le sol, morts de fatigue. D'ailleurs, le sommet principal est situé de l'autre côté d'un énorme ravin et pour l'atteindre, il nous faudrait bien encore trois heures ; aussi nous remettons cette ascension à une autre fois où nous serons moins pressés. A midi et demi, nous sommes de retour à Aït-Youcef et nous nous installons pour déjeuner sous une superbe vigne qui ombrage le péristyle de la mosquée. Tous les gens du village font cercle autour de nous et l'ouverture des boîtes de sardines et autres conserves paraît les intéresser vivement. C'est à ce déjeuner que nous consommons la dernière des *boules de pain* que nous avons emportées d'Alger. Grâce à une double cuisson, elles ont parfaitement supporté un voyage de neuf jours et elles sont encore excellentes : d'ailleurs la course du matin nous prédispose à l'indulgence ; le pain fût-il dur comme de la pierre, il est probable que nous ne nous en apercevrions pas.

Après nous être convenablement lestés, nous piquons droit à l'Est sur El-Kseur où nous arrivons à 6 heures et où nous retrouvons nos deux camarades qui, venus en bourgeois par la grande route, sont déjà installés et se prélassent à l'ombre. L'excellent hôtel de Mme Pradal nous assure une hospitalité des plus confortables et nous commençons par désaltérer, à l'aide de nombreuses bouteilles de limonade, nos gosiers absolument calcinés par le siroco. Ensuite nous payons nos muletiers. Depuis trois jours ils nous accompagnent et, y compris une petite indemnité de retour, nous mettons dans la main de chacun d'eux quatre belles pièces de cinq francs, quatre douros qui assureront à ces pauvres diables, pendant quelque temps du moins, toutes les jouissances du paradis de Mahomet.

Et maintenant, l'excursion est finie : demain, au lieu de la bonne chevauchée en plein air, nous n'avons comme perspective qu'une longue journée de chemin de fer ; mais dans les wagons inconfortables de l'Est-Algérien, nous songerons aux belles choses que nous venons de voir et nous pourrons facilement occuper quelques heures à échafauder de nouveaux projets de voyage dans la magnifique région que nous venons de traverser et qui ne nous a pas encore livré tous ses secrets.

Alfred REYNIER,

Secrétaire général de la Section de l'Atlas.

QUELQUES ASCENSIONS

DANS LA

CHAINE DU DJURJURA [1]

Depuis sa fondation, remontant au mois de mars de l'année 1880, et surtout pendant ces douze dernières années, la Section de l'Atlas a donné les preuves de la plus grande activité ; et cependant, malgré le grand nombre des excursions menées à bonne fin, malgré la quantité plus que respectable des sommets gravis dans tous les massifs montagneux (2), on ne trouve dans l'*An-*

(1) Article publié dans l'*Annuaire* du Club Alpin, année 1902.

(2) Dans l'Atlas tellien : Tegrimoun, 1,028 mètres ; Bou-Zegza, 1,032 mètres ; Tazarine, 1,117 mètres ; Feroukra, 1,497 mètres ; Abd-el-Kader, 1,629 mètres ; Mouzaïa, 1,604 mètres ; Zaccar-Chergui, 1,535 mètres ; Zaccar-Rharbi, 1,580 mètres ; Bou-Mad, 1,457 mètres ; Chenoua, 907 mètres ; Achaoune, 1,884 mètres ; Kef-Siga, 1,856 mètres ; Ouarensenis, 2,000 mètres ;

Dans le massif des Babords : le Grand-Babor, 2,004

nuaire du Club Alpin Français, pour ce même laps de temps, que deux comptes-rendus : celui de notre dévoué trésorier et ancien secrétaire général, M. Pressoir (*Annuaire* de 1893, page 326 : Une ascension dans le Djurjura : l'Akouker, 2,305 mètres), et celui de notre sympathique collègue, M. Tabary (*Annuaire* de 1897, page 287 : Huit jours en Kabylie). C'est vraiment trop peu. Aussi pour compléter les deux articles si intéressants de mes compagnons de courses, désirerais-je donner quelques détails sur l'ensemble des ascensions exécutées dans cette admirable chaîne du Djurjura, si pittoresque et si grandiose tout à la fois, où chaque course fait découvrir de nouvelles merveilles, et qui, malgré sa faible altitude (point culminant : Lella Khedidja, 2,308 mètres), a véritablement l'aspect imposant et majestueux de la

---

mètres ; le Takoucht, 1,896 mètres ; l'Adrar-Amellal, 1,876 mètres ;

Dans le massif de l'Aurès : le Kef-Chelia, 2,331 mètres, et le Kef-Mahmel, 2,329 mètres ;

Dans l'Atlas Saharien : le Djebel-Mekter, 2,060 mètres, au Sud d'Aïn-Sefra (région de Figuig) ;

Dans le Djurjura : l'Haïzeur, 2,123 mètres ; le Pic Ficheur, 2,147 mètres ; l'Azerou-Djemaa, 2,017 mètres ; le Pic de Galand, 2,134 mètres ; le Pic Pressoir, 2,100 mètres ; l'Akouker, 2,305 mètres ; le Pic Lung, 2,120 mètres ; les Aiguilles de Thaltatl, 1,984 mètres ; le Lella Khedidja, 2,308 mètres.

haute montagne. En effet, sur cette gigantesque muraille de rochers, à l'aspect infranchissable, ce ne sont partout que pics dentelés et crénelés ; et lorsque, pendant l'hiver, une épaisse couche de neige la recouvre de son manteau étincelant, les promeneurs qui, par une belle journée, arpentent le boulevard de la République à Alger, ont devant les yeux, par delà les eaux bleues de la baie de l'Agha, un panorama incomparable et vraiment féerique.

Malheureusement l'exploration de cette chaîne et l'ascension des points culminants ne va pas sans quelques difficultés. Elles sont de plusieurs sortes :

1º Le grand éloignement du pied de la montagne des villages européens où on peut trouver un gîte ; aussi sommes-nous obligés de camper, en emportant d'Alger un métériel considérable et les vivres nécessaires, quelquefois pour plus de huit jours, à une dizaine d'excursionnistes et aux Kabyles réquisitionnés qui nous fournissent des mulets pour le transport de nos *impedimenta* ;

2º La nécessité où nous nous trouvons de faire ces ascensions aux vacances de Pâques, car les membres actifs de la Section de l'Atlas sont en majeure partie professeurs au Lycée d'Alger, et ne peuvent, par conséquent, excursionner qu'à ce moment ;

3° Enfin, la quantité plus ou moins considérable de neige qui recouvre la montagne ; car, bien que l'Algérie soit dans l'opinion commune un pays chaud, il n'en est pas moins vrai que le Djurjura est couvert de neige, de novembre à fin avril, à partir de l'altitude de 1,200 mètres. Or, chaque nuit, cette neige est fortement gelée, si bien que, le matin de bonne heure, on se trouve en face de pentes d'un verglas extrêmement glissant et dangereux, nécessitant l'emploi du piolet ; mais, d'un autre côté, cette croûte de verglas, n'ayant guère que deux à trois centimètres d'épaisseur, ne tarde pas à fondre sous l'action des rayons du soleil, et on est alors, entre 10 et 11 heures du matin, sur une neige molle où on enfonce jusqu'aux genoux, voire jusqu'au ventre. De là, la nécessité absolue de mener les ascensions le plus rapidement possible, de façon à opérer la descente dans les conditions les moins pénibles, car de disparaître continuellement dans des trous ne laisse pas que de devenir très rapidement un exercice des plus fastidieux, d'autant plus fastidieux même qu'il est agrémenté à chaque fois d'un copieux bain de pieds à la glace dont on se passerait volontiers. Quant à l'état des chaussures après pareilles aventures, je n'en parlerai pas ; et il est imprudent de vouloir les sécher autrement que par sa propre chaleur animale, en les gardant à ses pieds, même la nuit, sinon on est exposé à ne pouvoir les remettre le lendemain matin, tant le cuir est racorni.

La partie de la chaîne du Djurjura intéressante pour les alpinistes s'étend sur une longueur d'environ 60 kilomètres depuis le Tizi (1)-Djaboub (1,185 mètres) à l'Ouest, jusqu'au Tizi-n'Chria (1,231 mètres) à l'Est, et peut se diviser en quatre tronçons :

1º Le massif de l'Haïzeur, compris entre Tizi-Djaboub et Tizi-Ogoulmine ;

2º Le massif de l'Akouker, de beaucoup le plus grandiose, auquel se rattachent deux énormes masses, les Pics de Galand et Pressoir, entre Tizi-Ogoulmine et Tizi-n'Assoual ;

3º Le massif du Lella Khedidja, situé un peu en arrière des deux précédents, entre Tizi-n'Assoual et le col de Tirourda (1,700 mètres), que franchit une route carrossable reliant Tizi-Ouzou, sur le versant Nord, à Maillot, sur le versant Sud, passant par Fort-National et Michelet, et faisant communiquer la vallée de l'Oued-Sebaou avec la vallée de l'Oued-Sahel ;

4º Le massif de Chellata et de Beni-Zikki, depuis le col de Chellata jusqu'à Tizi-n'Chria. C'est la partie la moins élevée de la chaîne ; elle

---

(1) *Tizi* signifie « col ».

comprend comme point culminant l'Azerou des Beni-Zikki (1,707 mètres.) (1).

Pour les massifs de l'Haïzeur et du Lella Khedidja, je me bornerai à indiquer simplement des horaires ; quant au massif de l'Akouker, le récit détaillé de l'excursion de Pâques 1900 fera connaître comment tous ces sommets ont été gravis.

Massif de l'Haizeur (2)

1° Le *Tamgout-Haïzeur* (2,123 mètres), fait pour la première fois à la Pentecôte de 1889, et la deuxième fois à la Pentecôte de 1893.

Point de départ : Bouïra. village assez important, situé à 123 kilomètres d'Alger sur la ligne de Constantine.

De Bouïra à Tizi-Djaboub........ 2 h. 30 minutes.
De Tizi-Djaboud aux sources de
   l'Oued Boghni................. 1 h. 45 —
Des sources de l'Oued Boghni au
   campement d'El-Ma-Ousselmoun

---

(1) Voir Ficheur, *Description géologique de la Kabylie du Djurdjura* : Alger, imprimerie Fontana, 1890.

(2) Carte au 50,000ᵉ du Dépôt de la Guerre, feuille n° 66 : *Bouïra.*

1,560 mètres (vallée supérieure
de l'Acif-Echamlili)............. 1 h. 15   —
Du campement au sommet....... 1 h. 30   —

    TOTAL pour l'ascension..... 7 heures.
Retour à Bouïra................. 6 heures.

    TOTAL pour la course....... 13 heures.

N. B. — Toute cette course peut se faire à mulet jusqu'au campement.

2° Le *Pic Ficheur,* — sur la carte : *Djebel-Tachgagalt,* pic coté 2,147 mètres, — fait pour la première fois à la Pentecôte de 1897.

Point de départ : Bouïra.

De Bouïra au campement d'El-Ma-
Ousselmounn ... . 5 h. 30 minutes.
Du campement à Tizi-Tamgueguelt.   45   —
De Tizi-Tamgueguelt au sommet. 1 h. 30   —

    TOTAL pour l'ascension..... 7 h. 45 minutes.

Retour, en descendant immédiatement au Sud.

Du sommet à Iril-Guefrane...... 2 h.
D'Iril-Guefrane à Bouïra........ 3 h. 40 minutes.

    TOTAL pour le retour....... 5 h. 40 minutes.

    TOTAL pour la course...... 13 h. 25 minutes.

N. B. — Ces deux courses peuvent également se faire en partant du village de Boghni sur le versant Nord.

Depuis 1901, Boghni est relié à la ligne du chemin de fer Alger-Tizi-Ouzou par un chemin de fer sur route.

L'horaire est sensiblement le même que celui du Pic Lung, 2,120 mètres, indiqué ci-après, car ces trois sommets sont voisins.

3° Le *Pic Lung,* — sur la carte : pic sans nom, coté 2,120 mètres — point culminant du Tazerout-Tamellouli, fait pour la première fois à la Pentecôte de 1904.

De Boghni à Aït Haouari.........	2 h.
De Aït Haouari au sommet par la vallée de Tabbourt-el-Anseur....	4 h.
Du sommet à la maison forestière des Aït-Ali par la vallée de l'Acif Echamlili...............	2 h. 30 minutes.
De la maison forestière des Aït-Ali à Boghni en longeant la rive droite de l'Oued Boghni........	2 h. 30 —
TOTAL pour la course.......	11 heures.

4° La *vallée de Tabbourt-el-Anseur.* Ce long couloir, silonné par l'Oued-Tabaoualt et dominé des deux côtés par les gigantesques murailles du Tabzous-bou-Arous et du Tazerout-Tamellouli, est un des sites les plus grandioses du Djurjura. Il se termine au col de Tabaoualt dominé par l'Azerou Djemâa, 2,060 mètres.

De Boghni à Aït-Haouari........ 2 h.
De Aït-Haouari au col de Tabaoualt
  (1,920 mètres)................ 3 h. 30 minutes.
Du col au sommet de l'Azerou-
  Djemaa (2,060 mètres)......... 30 —
Retour à Boghni par le même
  itinéraire................... 5 h.

      Total pour la course..... 11 h.

Massif du Lella-Khedidja (1)

De tous les sommets du Djurjura, le Lella-Khedidja, qui est pourtant le point culminant (2,308 mètres), est le plus facile à gravir, du moins par le versant Sud. Il a été fait pour la première fois en 1888, et maintes fois depuis cette époque.

Point de départ : Maillot, village situé sur la ligne d'Alger à Constantine et à 162 kilomètres d'Alger.

De Maillot (gare) à Maillot (village)
  5 kilomètres.................. 50 minutes.
De Maillot (village) à la maison
  forestière de Tala-Rana (1,400ᵐ). 2 h. 30 —
De Tala-Rana au sommet........ 2 h. 15 —
Retour à Maillot (gare)........ 4 h. 30 —

      Total pour la course..... 10 h. 5 minutes.

____

(1) Carte au 50,000ᵉ du Dépôt de la Guerre, feuille n° 67 : *Tazmalt*.

A Tala-Rana, en plus des deux maisons forestières, se trouve également la résidence d'été de M. l'administrateur de Maillot, qui la met toujours très gracieusement à la disposition des membres de la Section de l'Atlas lorsque ceux-ci lui en font la demande.

N.-B. — Pour l'ascension du Lella-Khedidja par le versant Nord, voir le récit de M. Tabary.

Massif de l'Akouker (1)

Pour les vacances de Pâques 1900, la Section de l'Atlas avait projeté une longue excursion sous la tente comprenant l'exploration complète du massif de l'Akouker. C'était une nouveauté, car jusqu'alors nous n'avions jamais campé qu'à la Pentecôte, et le ciel ne sembla pas d'abord vouloir nous favoriser. En effet, pendant la première semaine d'avril une bourrasque épouvantable s'abattit sur l'Algérie ; le ciel et la terre étaient réunis par de véritables colonnes d'eau ; la température était celle des plus mauvais jours de l'hiver, et une neige épaisse couvrait toutes les montagnes à partir de l'altitude de 900 mètres.

____

(1) Carte au 50,000ᵉ du Dépôt de la Guerre, feuille nᵒ 67 : _Tazmalt._

Notre projet paraissait donc, c'est le cas de le dire, littéralement dans l'eau, et je télégraphiais à notre sympathique collègue de la Section de Paris, le docteur Chaput, chirurgien des hôpitaux, qui nous avait annoncé son intention de se joindre à nous : « Temps affreux ; ne pense pas que l'excursion projetée puisse avoir lieu, mais venez quand même, ferons toujours quelque chose ». Il vint, et il eut raison, car il nous apporta dans sa valise le plus magnifique beau temps dont jamais excursion de la Section de l'Atlas ait été favorisée. Néanmoins, pour permettre aux masses d'eau qui avaient inondé le sol de s'évaporer un peu, nous retardâmes notre départ de quatre jours, et le samedi soir 14 avril, à 7 heures, nous nous trouvions à la gare d'Alger afin de prendre le train de nuit conduisant à Bouïra. Au total treize alpinistes : un membre de la Section de Paris, le docteur Chaput, et douze membres de la Section de l'Atlas : MM. Ficheur, vice-président ; Frédéric Lung, Leblays, Loyer, Lemoine, Delory, Boudent, Tabary, Gaillac, Lespès, Meunier et Reynier. Je m'empresse d'ajouter que ce nombre treize n'a été fatal à aucun de nous, car dans l'excursion il n'est arrivé malheur à personne, et nous sommes tous encore en parfaite santé. Notre bagage comprenait deux tentes : une grande, de la forme dite « bonnet de police », pouvant abriter douze personnes, et une plus petite, de même forme, pour trois à quatre personnes. En outre : 100 kilos de pain (biscuit), deux fûts de vin de 30 litres chacun, et un nombre estimable de paniers de toutes dimensions contenant les vivres nécessaires à la caravane pour une huitaine de jours. En tout, 26 colis pesant 450 kilos, sans compter les paquets de couvertures dont chacun avait eu soin de se munir, car, pour des bourgeois habitués à coucher sur de mœlleux matelas, le contact par trop intime avec le sol rugueux est assez désagréable au début.

Pour la circonstance, M. le Directeur de la Cⁱᵉ de l'Est-Algérien a bien voulu nous faire réserver deux compartiments, dans lesquels nous nous installons en compagnie de nos encombrants alpenstocks ; et, pendant que la locomotive se hâte lentement (20 à 25 kilom. à l'heure), nous rappelons les excursions passées, nos longues courses à travers cette pittoresque Algérie dont tout le monde parle sans la connaître, et nous échafaudons des projets grandioses pour l'avenir tant et si bien qu'il est déjà minuit trente-cinq et que nous sommes arrivés à Bouïra. Nous nous rendons à l'hôtel de la Colonie, où nous sommes attendus, et, aussitôt les chambres distribuées, chacun s'empresse de se coucher, car, pour cette nuit, Morphée n'aura guère son compte, quatre

heures tout au plus, puisque le lever est inexora-
blement fixé à 5 heures.

Dimanche, 15 avril. — Le lendemain matin
(ou plutôt le même jour, puisque nous nous sommes couchés à 1 heure), 15 avril et jour de Pâques
tout le monde est sur pied à l'heure indiquée.
Dans la cóur de l'hôtel nous attendent vingt-trois
mulets réquisitionnés à notre intention par
M. l'Administrateur de Maillot. Le tarif pour
chaque mulet est de 3 fr. 50 par jour, mais
comme nous avons l'habitude de donner un
douro (cinq francs), et qu'en outre nous nourris-
sons les conducteurs (un kilo de pain par jour),
c'est pour les indigènes une bonne aubaine que
de nous accompagner ; et, sans prétendre qu'ils
nous aiment comme des frères, peut-être leur
haine générale des Roumis (chrétiens, et, en
général, Européens) est-elle un peu atténuée en
faveur des membres du Club Alpin. L'étape de
cette première journée devant se faire à mulet,
chacun choisit l'animal qui lui servira de monture, et les dix autres sont réservés au transport
des bagages, soit à peu près 60 kilos pour chacun,
ce qui constitue déjà un poids assez respectable.
Mais la grosse difficulté consiste surtout dans
l'arrimage solide de colis si disparates, car il
importe au plus haut point qu'en route les

charges ne soient pas exposées à rouler dans quelque ravin ; aussi les plus anciens, ceux qui possèdent une longue expérience acquise dans maintes expéditions du même genre, surveillent attentivement l'opération. Elle est menée à bonne fin en trente-cinq minutes, grâce à la présence de deux cavaliers très débrouillards attachés spécialement à notre caravane par ordre de l'administrateur et ayant autorité complète sur les indigènes. D'ailleurs, parmi ces indigènes se trouve un ancien sergent de tirailleurs, répondant au nom de Larachi-Ali ben El-Aïd, et qui a fait la campagne du Tonkin. Sur son livret militaire qu'il nous présente, en piètre état, il faut bien l'avouer, nous pouvons lire que, dans un premier congé de sept ans, il est devenu sergent, puis qu'il a été cassé et a terminé son temps comme simple soldat. Rendu à la vie civile et n'y trouvant pas sans doute l'emploi de ses facultés, il s'est réengagé. Dans ce second congé, également de sept ans, il n'a pu devenir que caporal. Pendant tout le voyage, il nous sera de la plus grande utilité, car il n'a pas son pareil pour enfoncer les piquets de tente, éplucher les légumes, faire le feu, surveiller la cuisson du rata, etc. En outre, méprisant royalement les prescriptions du Coran, il mange la viande de porc et boit du vin, chose assez rare, même chez les anciens turcos ; car, rentrés dans leurs tribus, ils ne tardent pas à devenir aussi fanatiques que leurs coreligionnaires qui n'ont jamais quitté le gourbi natal.

Un autre, Mechtoub-Mohamed-bel-Hadj, sert de secrétaire au caïd de Maillot, Keddis-Mohamed ben Hamouche ; il a fréquenté l'école communale de Fort-National, s'exprime correctement en français, et sait lire et écrire. Enfin, parmi les autres, un jeune nègre aux formes athlétiques, Mohamed ben Ahmed, nous a déjà accompagnés dans deux précédentes excursions. Nous possédons aussi un marmiton-chef, citadin d'Alger, à mine patibulaire, répondant au surnom de Marabout, et, à ses moments perdus, jardinier chez notre ami Leblays. Celui-ci l'a emmené, « non pas, dit-il, à cause des services qu'il pourra nous rendre, mais parce que, pendant ce temps-là au moins, je suis sûr qu'il ne me volera pas ! » Ce voyage, qui était peut-être son premier, devait aussi être son dernier, car huit jours après notre retour à Alger, il rendait sa belle âme à Allah, mortellement frappé d'un coup de poignard par un de ses amis dont, paraît-il, il courtisait la sœur de trop près ; et certes, parmi nous, personne n'aurait pu prévoir qu'avec sa figure grêlée, ses yeux louches et son extérieur peu avantageux, ce pauvre Marabout deviendrait une victime de l'amour.

Des deux cavaliers d'escorte, dont le manteau bleu indique que nous sommes sous la protection du beylik (gouvernement), l'un intéresse vivement le docteur Chaput. En effet, il y a de cela une douzaine d'années, un de ses ennemis l'a gratifié d'un magistral coup de hachette sur la tête. Malgré la protection de la chéchia et du turban, la violence du coup a été telle que l'os temporal gauche a été complètement enlevé sur cinq à six centimètres de longueur et deux de largeur environ, et qu'on aperçoit la membrane extérieure protectrice de son cerveau. Comme conséquence de cette terrible blessure, notre homme est, paraît-il, sujet à des attaques d'épilepsie.

Après avoir absorbé un copieux café au lait, nous quittons l'hôtel de la Colonie et nous nous mettons en route à 7 heures précises. Le défilé de notre caravane dans la rue principale de Bouïra ne manque pas de majesté ; quinze cavaliers, vingt-quatre piétons, dix mulets de charge ! On pourrait croire que nous partons pour Tombouctou ou le cap de Bonne-Espérance.

Longeant à grande distance le flanc Sud du massif de l'Haïzeur, nous traversons d'abord la partie Est de la plaine du Hamza, puis le territoire des Beni-Meddour, et à 11 h. 20 nous nous arrêtons pour déjeuner à Selim, sous un bouquet de magnifiques oliviers dont les racines baignent dans les eaux limpides de l'Oued-Guendour. Nous faisons mettre bas la charge du mulet qui transporte notre déjeuner froid tout préparé, enfermé dans un ancien panier à champagne ; j'ouvre le dit panier et pousse un cri de stupeur : il est rempli de bouteilles vides ! Après quelques secondes d'ahurissement, ma première pensée est qu'il y a eu à la gare d'Alger confusion de bagages et que quelques-uns de nos colis ont été adjugés à un autre voyageur. On procède alors à une inspection générale des bagages, et le panier au déjeuner se retrouve : c'est tout simplement l'un de nous qui, retirant ses bagages mis en consigne, a pris en plus deux paniers semblables aux nôtres et remplis de bouteilles vides. Ma foi, il faut bien les garder ; après le voyage et sans garantie de la casse, nous les rendrons. Les émotions et le grand air creusant l'appétit, nous faisons amplement honneur à nos provisions, puis à 1 heure et demie nous réenfourchons nos montures pour gagner par Tiharamt et les Beni-Yayoum, le campement de Taouïalt (1,400 mètres environ), que nous nommons ainsi parce qu'il se trouve sur le flanc du Djebel Taouïalt (1,758 mètres). Nous y arrivons à 4 heures et demie. Dans une petite clairière formant promontoire et ombragée par les puissants rameaux de cèdres séculaires, les tentes sont dressées. Une source est toute proche, et le bois mort qui jonche le sol serait amplement suffisant pour la consommation d'une grande ville pendant tout un hiver ; c'est donc le coin rêvé, le coin idéal, et lorsque la Section de l'Atlas sera riche, espérons qu'elle y fera construire un refuge qui pourra en même temps servir de résidence d'été à ceux de nos collègues qui n'ont pas la faculté d'aller en France pendant la saison chaude. Comme dans le palais de Salomon, les portes et les plafonds en seront en bois de cèdres, et il ne manquera presque rien à l'alpiniste pour être aussi heureux que ce roi des rois !

Après la traditionnelle absinthe, si agréable et si rafraîchissante en voyage, chacun s'occupe de la besogne qui lui incombe, pendant que notre ami Leblays, maître-queux en chef de l'expédition, nous prépare un succulent dîner. Dans la grande tente servant de salle à manger et illuminée *a giorno*, grâce à l'ingéniosité des préposés au luminaire, Loyer et Delory, chacun prend place à 7 heures. Inutile de dire que le repas, arrosé de vins généreux, est des plus gais, et 10 heures sont déjà passées qu'on ne songe pas encore à sonner l'extinction des feux. Un immense silence, troublé seulement par le cri du *bourourou* (grand-duc) ou le glapissement de quelque chacal, enveloppe toute la nature, et dans les sombres profondeurs du ciel scintillent des myriades d'étoiles. Les mulets, solidement attachés à la corde en une longue ligne, broient dans leurs puissantes mâchoires, et d'un mouvement rythmique, les bottes de *diss* que leurs maîtres ont placées devant eux ; et autant par crainte de la panthère (du *sba)* que pour combattre le refroidissement très sensible de la température, les Kabyles ont allumé deux grands feux autour desquels ils passeront la nuit. Suivant les caprices de la flamme, leurs silhouettes se rapetissent ou grandissent démesurément, et c'est un spectacle vraiment fantastique que cette danse d'ombres encapuchonnées.

Lundi, 16 avril. — Tout le monde est sur pied à 4 heures. C'est encore la nuit ; cependant à la voûte du ciel les étoiles pâlissent, et dans la direction de la crête du Lella-Khedidja on soupçonne une lueur rougeâtre qui annonce le jour. Pas un souffle d'air n'agite la puissante ramure des cèdres séculaires, et un profond silence enveloppe toute la forêt. C'est un moment délicieux. Puis chacun s'empresse autour des feux, car il fait un froid très piquant. Ça prépare le café et le chocolat, et, comme dans *Faust,* chacun sera servi selon ses goûts. Puisque désormais nous allons heureusement aller à pied, il est absolument inutile d'entretenir une si nombreuse cavalerie ; nous renvoyons donc quinze mulets, n'en conservant que huit qui sont indispensables pour le transport des bagages. Tout cela terminé, nous nous mettons en marche à 6 h. 10. Nous emmenons avec nous trois Kabyles, chargés du transport d'un déjeuner froid et des appareils photographiques ; le campement est laissé à la garde de deux cavaliers et des indigènes non utilisés comme porteurs. Par le mauvais sentier supérieur qui longe le flanc Ouest du Ras-Tigounatine, également recouvert d'une magnifique forêt de cèdres dans laquelle gambadent des singes de très forte taille, nous gagnons Tizi-Bou-el-Ma en une heure trois quarts. Vu l'heure matinale, la neige encore consistante porte bien, et nous ne rencontrons que peu de mauvais passages. A 10 houres, nous sommes à Tizi-N'cennad (1,700 mètres), col qui, par rapport à la direction que nous suivons, a à sa droite l'Azerou-Esguissig ou Pic Pressoir (2,100 mètres) et à sa gauche le Pic de Galland (2,130 mètres). Après quelques minutes de repos, nous commençons l'ascension du Pic Pressoir. Il ne reste plus à gravir que 400 mètres ; mais, sur ce flanc de la montagne, la neige exposée aux rayons solaires depuis près de trois heures est tout à fait inconsistante. On enfonce jusqu'au genou ; aussi est-ce avec une véritable satisfaction que nous atteignons le sommet à 11 heures un quart. Aussitôt, nous débouchons deux bouteilles de champagne et procédons solennellement au baptême de ce pic dont nos pieds n'avaient point encore foulé la cime, car une tentative d'ascension faite à la Pentecôte de 1898 avait été contrariée par le mauvais temps et n'avait pas réussi. Après quelques minutes accordées à la contemplation du splendide panorama que nous avons sous les eu x, nous effectuons la descente dans des conditions aussi désagréables que la montée, et vers midi et demi nous sommes de nouveau à Tizi-N'cennad, où, dans un repli de terrain non encombré de neige, nous expédions notre déjeuner. Sur les 2 heures, et pour faire prendre un nouveau bain à nos chaussures qui commencent à sécher, nous commençons l'ascension du Pic de Galland (2,130 mètres). Malgré l'ombre épaisse des cèdres qui couvrent tout le flanc Nord de ce colossal bastion, la neige est, vu l'heure déjà avancée de la journée, tout aussi mauvaise qu'au Pic Pressoir.

Nouveau barbotage en règle. A 3 heures et quart, nous sommes de rechef à Tizi-N'cennad, et à 4 heures et demie à Tizi-Bou-el-Ma. Au lieu de suivre le chemin parcouru le matin, nous piquons droit sur le fond de l'étroite vallée que traverse l'oued Tinzer, puis remontons à notre campement à travers la magnifique forêt de cèdres qui escaladent le Taouïalt jusqu'à son sommet (1,758 mètres). Il est six heures et demie. Pendant notre absence, il n'est survenu aucun incident, et nos cuisiniers ayant scrupuleusement observé les prescriptions formulées le matin, avant le départ, par l'ami Leblays, celui-ci n'a qu'à donner le coup d'œil du maître, et nous pouvons nous mettre à table à 7 heures.

Mardi, 17 avril. — Le programme des distractions de la journée indique un simple changement de résidence. Nous quittons le délicieux campement de Taouïalt pour gagner en trois heures celui d'Ansor-Arelled (altitude, 1,500 mètres), sur le flanc Sud de l'Agouni-Guerbi (1,782 mètres). Quelle différence d'installation ! Hier nous pouvions nous étendre sur de moelleux tapis d'herbe au pied des grands arbres, et avions le bois et l'eau à discrétion ; aujourd'hui aucune autre ombre que celle de la tente, à l'intérieur de laquelle on étouffe consciencieusement. Nous campons sur un champ de cailloux, et, si l'eau est proche et assez abondante, nous n'avons en fait de bois que des racines de genévriers ou de lentisques qui, en brûlant, donnent peu de chaleur et font une fumée d'enfer. L'ami Leblays jure comme un damné ; pour faire de la bonne cuisine, il faut un bon feu, c'est évident ! Je crains fort que le menu ne se ressente de ce fâcheux état de choses.

Le mot *Repos* étant inscrit au programme pour cet après-midi, nous allons visiter une source minérale, Ta-Hammant, qui se trouve dans le voisinage, et, pour utiliser ces maudites bouteilles que nous avons si malencontreusement prises en supplément à Alger, nous en remplissons six, dont trois serviront à notre consommation et trois autres seront emportées à Alger en vue d'analyse chimique. Je m'empresse d'ajouter que ladite analyse n'a jamais été faite et que les trois bouteilles, après avoir longtemps encombré le fond d'une armoire au local du Club, ont finalement, un beau jour, été jetées à la rue. Quant à l'eau de Ta-Hammant, elle est légèrement gazeuse et d'un goût très agréable.

Mercredi, 18 avril. — Nous partons à 6 heures, et, après avoir gravi les pentes de l'Agouni-Guerbi sur le flanc duquel est installé notre campement, nous descendons sur le versant Nord à l'extrémité supérieure de la vallée de Tacift-Irissene, puis nous nous engageons par une marche de flanc sur les premières pentes de l'Azouker (2,305 mètres).

Malheureusement, la neige est complètement verglassée et extraordinairement glissante ; la plupart d'entre nous n'ont à leurs souliers que des clous déjà fortement élimés, et, pour tailler des pas, nous ne possédons que le marteau de géologue de notre sympathique vice-président, M. Ficheur. Nous n'avançons donc qu'avec une lenteur extrême, et la plus grande prudence est de rigueur, car une glissade pourrait entraîner des conséquences tout à fait regrettables. Cependant la pente devenant de plus en plus raide, la colonne s'arrête, et seuls nos camarades Loyer et Lung, vieux routiers des Alpes, suivis de Tabary, ont la satisfaction de pouvoir atteindre le sommet, où ils arrivent vers 10 heures. Néanmoins, après une halte d'une bonne heure, le reste de la caravane se remet en marche ; mais voilà bien une autre affaire ! La couche de verglas est maintenant entièrement fondue, et à chaque pas on enfonce dans la neige jusqu'au genou. Après une demi-heure de cet exercice, tout le monde est exténué de fatigue ; nous recueillons donc nos camarades qui descendent du sommet, et tous en chœur nous revenons à Tizi-Bourloul. Il est midi ; on déjeune, mais sans entrain, car la plupart sont navrés d'avoir raté ce beau sommet de l'Akouker, le roi du Djurjura et le clou de l'excursion.

Pour occuper l'après-midi, nous faisons une promenade au Nord du col, et, par une ligne de rochers, nous gagnons la crête un peu à l'Est de l'Akouker (2,184 mètres). Pendant assez longtemps nous suivons sur la neige les traces d'une panthère à la poursuite d'un chacal, probablement, du moins autant que nous pouvons en juger par les empreintes. Ce drame obscur a dû se passer à une heure chaude de la journée, au moment où la neige était molle, car les foulées de la panthère ont plus de 20 centimètres de profondeur, et il est bien probable que, dans ces conditions, le chacal aura pu échapper. A 5 h. 1/2, nous étions de retour au campement.

Nota. — Lorsqu'on se propose simplement de faire l'ascension de l'Akouker, il est inutile de venir camper à Ansor-Arelled ; l'ascension est tout aussi facile en partant du campement de Taouïalt. C'est ce qui a été démontré à l'excursion de Pâques 1902 : le dimanche, 27 avril, partis à mulet à 5 h. 1/2 du matin, MM. Barthélemy, Édouard Tiné et moi, nous étions à 6 h. 3/4 à Ansor-Lenak. Abandonnant là nos montures que nous ne pouvons plus utiliser, nous gagnions le sommet de l'Akouker (Ras-Timedouïne, 2,305 mètres) par une longue pente de neige commençant à l'altitude de 1,500 mètres environ, et nous y arrivons à 9 h. 3/4. Pour ne pas nous exposer à un mécompte semblable à celui de 1900, nous avions eu soin de faire ferrer à neuf nos souliers avant de quitter Alger, et, en outre, nous avions deux piolets qui, par moments, nous ont été fort utiles, particulièrement pour la traversée de deux couloirs de 20 à 30 mètres où la pente atteignait 40 degrés. Nous avons effectué la descente d'abord par la crête Est et ensuite par le versant Sud de l'Akouker (2,184 mètres). Grâce à un ciel légèrement voilé, la neige non ramollie portait bien, de sorte qu'à midi nous retrouvions nos Kabyles et nos mulets à Ansor-Lenak, où nous déjeunions.

Ascension de l'Akouker par la face Nord

Cette ascension, faite la première fois le 10 avril 1906 par M. le Docteur Argenson, Mme Argenson, MM. Édouard Tiné et Reynier, peut s'exécuter ainsi :

1re JOURNÉE

De Boghni à Taguemount-N'Aït-Irguen, trajet à mulet.................................... 7 heures

2e JOURNÉE

De Tabbourt-N'Aït-Irguen au plateau dominé par le sommet de l'Akouker.... .... 2 —

Traversée du plateau en allant vers l'Est au pied des rochers de l'Azerou-Gougane..... 2 —

Du pied des rochers de l'Azerou-Gougane au sommet de l'Akouker... .... 2 —

Retour à Taguemount-N'Aït-Irguen par le même itinéraire........ .... 5 —

TOTAL pour la course...... 11 heures

Pour les mulets et le cavalier d'escorte, s'adresser à M. l'Administrateur de Dra-el-Mizan.

Pour le couchage dans un gourbi à Taguemount-N'Aït-Irguen, s'adresser à M. l'Administrateur de Fort-National de qui dépend ce village et qui donne des instructions au cheik.

Le couchage dans un gourbi à Taguemount évite, le transport d'une tente, mais il faut avouer qu'on est littéralement dévoré par les puces.

Jeudi, 19 avril. — La nuit a été très froide ; à 5 heures du matin, un thermomètre suspendu en dehors de la tente accuse 4°, et l'eau contenue dans les bidons est entièrement gelée. N'ayant pas de bois en quantité suffisante pour entretenir du feu pendant la nuit, nos Kabyles sont allés se blottir dans des anfractuosités de rochers aux environs. Bigre ! ils n'ont pas dû avoir chaud ; mais celui qui trouve l'aventure tout à fait mauvaise est Marabout, le citadin d'Alger la Blanche. Il claque des dents et, malgré les objurgations de son maître Leblays, reste engourdi comme une marmotte. Tout le monde se met à la besogne pour ramasser tout ce qui peut servir de combustible, et, grâce à ce zèle, nous pouvons bientôt faire une bonne flambée qui nous permet de transformer en liquide la glace des bidons et par cela même de pouvoir procéder aux soins d'une toilette forcément sommaire. Puis, le café absorbé, on lève le camp, et les Kabyles reçoivent l'ordre de se rendre à Ansor-el-Akhal, au pied du Lella Khedidja, point distant de deux heures de marche environ de l'endroit où nous sommes ; nous les y rejoindrons ce soir.

Quant à nous, nous nous mettons en marche à 7 heures, et, accompagnés de Larachi-Ali-ben-El-Aïd, l'ancien sergent de tirailleurs, et de Mohad-ben-Ahmed, le nègre, à qui on confie le transport du déjeuner, nous nous dirigeons sur Tizi-n'Assoual en longeant tout le flanc Ouest de la longue muraille de rochers abrupts qui porte le nom de Terga-m'ta-Roumi. Nous y arrivons à 9 heures et demie. Là, nous nous divisons en deux groupes : les uns gravissent l'Azerou-Gougane (2,158 mètres), et les autres, en suivant la crête du Sud-Ouest au Nord-Est, font l'ascension de la plus haute des Aiguilles de Thaliatt (1,984 mètres), qui domine de près de 1,000 mètres à pic les villages des Aït-Irguene et des Chennacha : Taguemount, Aït-Abd-el-Ali, Tiguemounine, etc.

Cet énorme promontoire, qui forme le dernier chaînon du puissant massif de l'Akouker, est, vu de son pied, du village d'Aït-Abd-el-Ali, par exemple, d'une beauté singulièrement farouche.

C'est, d'un seul jet, la muraille lisse et nue vous écrasant de ses 1,000 mètres et défiant toute escalade ; aussi je le recommande à tous les alpinistes qui cherchent du nouveau, de l'inédit ; ils seront là servis à souhait. A 11 heures et demie, les deux groupes font leur jonction à Tizi-n'Assoual, et on déjeune. Départ à 1 heure. Nous gravissons, sur une neige très molle, le versant Ouest du Terga-m'ta-Roumi au point 1,882, et ensuite nous descendons dans le ravin profondément encaissé de l'Erzerou-Bourgane. Au lieu convenu, Ansor-el-Akhal, sur la rive droite de l'Oued-el-Bed, nous retrouvons nos gens qui font la sieste à l'ombre des grands frênes, pendant que leurs bêtes tondent avidement l'herbe succulente des environs. Il est à ce moment un peu plus de 5 heures. Nous nous mettons en quête d'un emplacement favorable pour dresser nos tentes, lorsqu'un des cavaliers nous signale à proximité un gourbi tout neuf et spacieux édifié contre un gros rocher. Voilà le gîte ! Certainement, c'est Allah qui le met à notre disposition, et, comme nous n'avons pas à craindre d'être expulsés par le propriétaire, nous en prenons possession. Pas de tentes à dresser ce soir et à abattre demain ; voilà du temps gagné, et puisque c'est le dernier jour de l'excursion, puisque demain nous rentrons à Alger, l'ami Leblays veut se surpasser. Il fait ouvrir tous les paniers pour se rendre compte de nos ressources, et comme d'après les instructions qu'on lui a données, un des cavaliers est allé au village le plus proche, Limzarir, acheter des œufs et un jeune mouton qu'il a aussitôt fait tuer et dépouiller, il se trouve que nous nageons dans l'abondance. Dans le meilleur hôtel de Chamonix ou de telle autre station alpestre à la mode, on ne pourrait trouver un menu plus varié. Jugez-en plutôt :

Soupe paysanne
Omelette
Blanquette d'agneau
Petits pois (conserves)
Pommes de terre frites
Gigot d'agneau rôti
Desserts variés
Vin : Vieux Miliana 1889
Thé et Café
Rhum et Cognac

Après une pareille « restauration », comme disent les Allemands, les esprits ne sont point portés à la mélancolie, et, pour terminer dignement la soirée, la dernière, hélas ! chacun débite, qui un monologue, qui une scie de café-concert, qui une chanson apprise autrefois dans les hôpitaux ou corps de garde. Nos Kabyles eux-mêmes, à qui on a fait une ample distribution de vivres, participent à la fête, et autour d'un grand feu chantent leurs monotones mélopées. Il serait bien curieux de savoir quelle impression nous leur faisons. De temps à autre, ils voient paraître dans leurs montagnes des Roumis qui, ayant des maisons à Alger la Blanche, viennent coucher par terre, marcher à pied, barboter dans la neige et escalader avec peine des sommets rébarbatifs. Évidemment ce genre de distractions ne peut pas leur entrer dans le cerveau ; ils doivent nous prendre pour des fous. Cependant, il se fait tard, et comme tout à une fin, même les meilleures choses, il faut bien se résigner à se blottir chacun dans un coin pour dormir.

Vendredi, 20 avril. — Départ à 8 heures. Longeant la base des contreforts du Lella Khedidja, nous gagnons le village européen de Maillot, que nous atteignons facilement en 3 heures. Notre arrivée fait sensation ; les gens nous regardent avec ahurissement, et se demandent d'où nous pouvons bien sortir en pareil équipage ; mais pour bien leur montrer que, si nous avons mine de brigands, nous n'en sommes pas moins d'honnêtes citoyens ayant leurs papiers en règle, nous installons notre déjeuner en face de la gendarmerie, sous le dôme de verdure d'un groupe de magnifiques oliviers.

Sur ces entrefaites, nous sommes rejoints par nos camarades Lung et Tabary, qui, guidés par un de nos hommes, Aissaoui si Kassi ben El Hadj, ont exécuté, par le versant Ouest, extrêmement abrupt, l'ascension du Lella Khedidja (2,308 mètres) en deux heures cinquante, et sont ensuite descendus à Maillot, en passant par Tala-Rana, en deux heures trente-cinq. Or, l'altitude du campement d'Ansor-el-Akhal est 915 mètres et celle de Maillot 450 mètres ; l'ascension a donc été faite à raison de 490 mètres à l'heure, et la descente à raison de 770 mètres, ce qui est certainement une vitesse exceptionnelle et que seuls peuvent fournir des jeunes gens robustes et bien entraînés. Pour la moyenne, il faut compter une heure de plus à la montée et autant à la descente.

Comme je l'ai dit précédemment, le village de Maillot est situé à environ 4 kilomètres de la gare et, bien que le train venant de Constantine ne passe qu'à 2 h. 47, nous partons à 1 h. 15, car l'enregistrement de nos nombreux colis et le paiement de nos Kabyles demandera pas mal de temps. Quand toutes ces petites opérations sont terminées, le train entre en gare, et nous voilà installés dans les wagons de l'Est-Algérien roulant vers Alger la Blanche où nous arrivons à 7 h. 30.

A. REYNIER,

Secrétaire général de la Section de l'Atlas.

LE TAMGOUT-HAÏZEUR

(2.123 mètres)

Le voyageur qui, sur la ligne de Constantine, met la tête à la portière pour contempler le paysage, pendant de longues heures voit défiler devant lui une succession de tableaux des plus variés et des plus intéressants. Quand, sorti de la plaine, il monte vers Ménerville, sa curiosité s'accroît ; il sent qu'il pénètre dans des régions entièrement différentes de celles qu'il a parcourues, et son regard, au lieu d'errer sur la vaste mer des moissons où sur l'océan des vignes, s'arrête étonné sur la végétation qui tapisse les côteaux. C'est qu'il entre dans le royaume de la broussaille, de cette broussaille algérienne si intéressante par le cachet particulier qu'elle donne au paysage, soit quand elle déploie la somptuosité dorée de ses genêts en fleur, soit, quand ses clairières d'herbe tendre et verte nourrissent et engraissent ses troupeaux bariolés.

Après Ménerville, l'intérêt ne cesse de grandir ; la voie décrivant de capricieuses courbes au flanc des montagnes, offre de jolis aperçus sur la vallée de l'Isser et les montagnes qui sont de l'autre côté ; on aperçoit entre autres, le sommet arrondi du Tegrimoun (1.030 m.), qui domine le pays des Beni-Khalfoun. Puis ce sont le riant village de Souk-el-Haâd sur son petit plateau, les superbes mimosas le long de la voie, les beaux oliviers de Beni-Amran, le bordj d'El-Hadi, qui se détache tout blanc au-dessus de Beni-Amran, dans le pays des Krachena, l'Isser que l'on traverse sur un pont hardi, les tunnels ténébreux et les trop rapides réapparitions à la lumière, dans les pittoresques et rocheuses gorges de Palestro, les horizons élargis à la sortie des gorges, et enfin le long parcours dans la vallée de l'Isser et de l'Oued Djemâ, entre des montagnes aux mamelons sans caractère, assez agréables à l'œil, cependant, quand au printemps, les champs d'orge laissent percer leur verdure tendre, espoir des moissons futures.

Mais tout à coup, au détour d'une courbe, l'œil du voyageur a comme une vision rapide de quelque chose de nouveau ; il lui a semblé voir surgir quelque chose de formidable au-dessus des collines. Le regard tendu, il cherche à revoir ce qui l'a frappé, et bientôt une nouvelle courbe de la voie le met en face du spectacle entrevu. En effet, grandiose et d'un seul jet une montagne grise et blanche aux parois abruptes se dresse au-dessus des autres jusque dans les nues. C'est la pointe occidentale du Djurdjura. C'est le Tamgout-Haïzeur.

De la gare de Bouïra, la dent de l'Haïzeur se distingue admirablement, car c'est une véritable dent, ce rocher qui se dresse sur la crête même de la superbe chaîne. A côté d'elle, comme un satellite, se hérisse une autre pointe effilée plus petite. La transparence de l'air est si grande en Algérie que l'on se trompe bien souvent sur les distances à parcourir ; ce que l'on croit très près est souvent bien loin, et ce que l'on pense faire en quelques quarts d'heure, demande quelquefois plusieurs heures. Ainsi, cet Haïzeur semble, de Bouïra, beaucoup plus près qu'il ne l'est en réalité. J'entendais un jour, en cette même gare de Bouïra, un voyageur qui disait à un autre : « C'est dommage que nous soyons obligés de déjeuner au buffet, sans quoi, pendant l'arrêt du train nous aurions pu aller nous promener jusque-là haut. » Et il désignait la dent de l'Haïzeur à son compagnon. Nous verrons par la suite qu'elle erreur d'optique il commettait.

L'ascension de l'Haïzeur peut se faire, ou de Boghni ou de Bouïra. Comme à l'époque où les alpinistes d'Alger en firent la première ascension, il n'était pas facile de se transporter à Boghni, ils se rendirent naturellement à Bouïra, que le chemin de fer de Constantine leur permettait de gagner en peu de temps.

C'était le 9 juin 1889. Partis d'Alger par le train du matin, au nombre d'une dizaine, ils arrivaient à Bouïra vers midi. Pour ne pas perdre de temps, ils avaient déjeuné dans le train. A la gare ils trouvent des mulets que, sur leur demande, l'administrateur de Dra-el-Mizan, leur avait envoyés. Il s'agit d'aller coucher chez les Aït Ali, sur le flanc nord de la montagne. Le bagage ne consiste qu'en quelques provisions et chacun emporte de plus un rouleau de manteaux et couvertures pour la nuit.

Pour parvenir chez les Aït Ali, il faut passer de l'autre côté de la chaîne, par le col de Tizi-Djâboub (1.185 m.), le grand passage à l'ouest de la formidable chute du Djurdjura, qui met en communication la Kabylie occidentale, c'est-à-dire le pays des Guechtoula avec la région de Bouïra. Cette montée au col prend plus de deux heures, et ne présente rien de particulier ; les pentes sont peu fertiles et sont en majeure partie couvertes de *diss*. Quand on arrive au col, il faut se garder de prendre le sentier de gauche qui conduirait à Dra-el-Mizan ; il faut prendre celui de droite qui d'abord monte un peu, puis passe en corniche en contournant la montagne, offrant des aperçus sur le pays des Guechtoula et de Dra-el-Mizan.

Puis, tout à coup, le sentier se met à descendre en zig-zag ; cette descente est très rapide, et l'on arrive bientôt dans un site des plus remarquables. On se trouve dans un val supérieur très encaissé, au pied même du Djurdjura. A l'endroit le plus étroit de ce val et le coupant en travers, de hautes murailles se dressent, déchiquetées et perpendiculaires, sorte de barrage gigantesque formé par la nature pour retenir les eaux de la montagne dans un bassin en forme d'entonnoir. Le barrage est ébréché, mais les eaux ne passent pas par cette brèche ; elles sortent en s'épanchant, abondantes, par une fissure horizontale, à la base même de la muraille, et aussitôt forment un magnifique torrent qui bondit et mugit au milieu des blocs détachés de la montagne qui encombrent son lit. Le vacarme est tel que l'on a de la peine à s'entendre. Les eaux sont d'une pureté idéale, ne ressemblant en rien aux eaux de la Chiffa ou de l'Harrach, et si l'on voulait essayer d'acclimater la truite en Algérie (en dehors de la presqu'île granitique de Collo, où elle existe), il semble que cet oued, qui n'est autre que l'oued Boghni, devrait être choisi pour une pareille expérience.

Nous restons longtemps à contempler ce spectacle attachant ; de délicates fougères tapissent les coins humides et protégés sous les rochers et nous cueillons de jolies fleurettes, primevères ou pensées qui ont fait de ce lieu leur séjour d'élection.

Les rochers verticaux ont de superbes colorations, piqués qu'ils sont d'arbustes audacieux et verdoyants que frôlent, en passant, les pigeons sauvages ou les aigles au vol majestueux. Sur d'étroites cornichent circulent avec aisance des singes qui semblent nous narguer et nous défier d'en faire autant.

Nous avons peine à nous éloigner de ce coin ravissant, mais, comme la journée s'avance, nous reprenons notre route et nous suivons, à la base d'une montagne couverte de hautes broussailles et de chênes-verts, une *seguia* qui conduit l'eau de l'oued aux village des Aït Ali situés un peu plus loin. Nous y arrivons bientôt au détour d'un éperon, et nous nous rendons immédiatement à la maison des hôtes. Nous y sommes reçus par le cheikh de l'endroit, qui nous offre le café sur le toit de sa maison, sorte de terrasse en terre battue, en *toub*, d'où nous dominons le pays.

Le soir venait, le soleil s'attardait encore sur les crêtes du Bou-Sero qui rosissaient sous ses rayons, tandis qu'au dessous les nuances violettes ou bleuâtres envahissaient sa base. Un grand calme régnait dans l'atmosphère, la fumée des feux du soir montait droit dans le. ciel où perlaient déjà quelques étoiles, et le silence impressionnant de la nature n'était troublé de temps à autre que par l'aboiement d'un chien ou la voix criarde de quelque moukère morigénant son moutchachou. Les maisons des villages se distinguáient encore dans le crépuscule, étalant leurs uniformes toitures-terrasses l'une au-dessus de l'autre. Vers le bas, l'œil plongeait dans le vaste ravin assombri, ne distinguant plus rien. Nous passâmes là une heure délicieuse à siroter le café du cheikh, et surtout à nous reposer, car l'aprèsmidi avait été chaude, et la douce fraîcheur de la montagne, et l'anesthésiante atmosphère, agissaient comme un baume sur nos muscles lassés.

Il fallut cependant bientôt songer à s'organiser pour le repas du soir et pour le coucher. La maison des hôtes n'était en réalité qu'un hangar complètement ouvert d'un côté, sorte de préau, où, en arrivant, nous avions aperçu un amas de diss coupé, destiné à remplir l'office de paillasse collective.

*
* *

Le couchage étant des plus rudimentaires et ne devant pas demander grand temps à préparer, on ne s'en préoccupa point pour le moment. Nos appétits aiguisés par la longue montée, réclamaient de promptes satisfactions, et l'on s'empressa de répondre aux exigences de maître Gaster, en faisant les préparatifs du dîner. C'est là un moment solennel dans la vie des camps en général, et dans les expéditions de touristes en particulier. C'est alors une animation générale, un va-et-vient continuel de bonnes volontés, car tout le monde met la main à la pâte. Sous les ordres du chef, en la circonstance l'ami J. Leblays, les couffins se déballent, l'éclairage s'organise, la corvée d'eau et la corvée de bois s'en vont à leurs missions respectives, et bientôt les feux s'allument, projetant contre les murs de la cour et du préau les ombres agitées, géantes ou minces, des compagnons affairés.

Bientôt des odeurs alléchantes, des fumets savoureux, font se dilater les narines qui se délectent à l'avance aux plats distingués et raffinés que l'ingéniosité et l'habileté du chef, malgré l'insuffisance des moyens et l'incapacité de ses aides, ont toujours su nous faire goûter en des solitudes perdues où il ne saurait être question de trouver quoi que ce soit. Ce soir-là, en particulier, mijotait sur un des feux un civet de lièvre (de conserve, cela va sans dire) qui promettait de nous laisser un souvenir durable. Sur un autre feu, une soupe à l'oignon remplissait déjà l'air de ses effluves délectables. Tout à coup, ordre du chef : « Taillez la soupe ». On cherche vivement le pain dans les sacs, dans les couffins ; on revisite les tellis et les chouaris des mulets ; mais pas de pain. On l'a oublié à Bouïra.

Comment faire ? des Roumis ne peuvent guère se passér de pain. On appelle le cheikh. « Cheikh, combien de temps faut-il pour aller à Boghni et pour en revenir ? ». — Le cheikh répond avec assurance : « 1 h. 1/2 au plus ». — Alors, choisis deux hommes solides et envoie-les à Boghni chez le boulanger chercher tant de kilos de pain, voilà l'argent. » Ainsi parla le chef d'excursion ; le cheikh fit le salut militaire et disparut par la porte basse de la cour. Une heure et demie, quand on a faim, c'est long ; mais, en gens de ressources que nous étions, nous trouvâmes bien moyen de nous occuper ; on prépara des absinthes savantes, des cartes sortirent comme par enchantement d'un des sacs, et bientôt de joyeuses manilles se jouèrent sous le préau des Aït Ali, pendant que la lune montait peu à peu derrière le Bou-Sero, et, surgissant au-dessus du mur de la cour, répandait sur nous sa placide lumière.

Vers 9 heures cependant, les charmes de la manille commençaient à faiblir et l'on se mit à songer de rechef au dîner. Il y avait deux heures que les Kabyles étaient partis, et ils n'étaient point encore de retour. Des hommes postés sur les terrasses, en contre-bas du village, lançaient de temps à autre leurs appels dans la nuit silencieuse ; mais ils ne recevaient aucune réponse. Le cheikh nous apporta de la galette d'orge ; nous nous décidâmes à en manger en guise de pain. Ce fut détestable ; on ne voulut pas toucher au civet, le réservant pour la bonne bouche, dans l'espoir que le pain arriverait bientôt. On se rabattit sur les hors-d'œuvre, sur des conserves diverses ; on mangea lentement, toujours dans le même espoir. Comme, cependant, on ne pouvait passer la nuit ainsi, on se décida d'enlever le couvercle de la marmite au civet. Avec le bout d'une fourchette on en sortit une masse filandreuse, comme un chignon de filasse décolorée, qui provoqua un pouah ! général de dégoût, et l'on jeta cette matière innommable en pâture aux faméliques chiens du douar, qui s'en régalèrent. Ils n'étaient pas souvent à pareille noce.

Le dessert et le caoua absorbés, on se coucha, car il était plus de 10 heures et il fallait se lever de très bonne heure pour l'ascension. Le diss fut répandu sur le sol raboteux du préau. On s'enveloppa dans les couvertures et l'on essaya de dormir. Mais comment dormir avec des cailloux gros comme le poing dans le dos ou les reins, qui, au moindre mouvement, vous rappelaient durement à la réalité de l'existence ? Cependant tout le monde somnola bientôt peu ou prou, quelques-uns, même, se laissèrent emporter sur les ailes du rêve, tandis que d'autres réveillaient les échos sonores du gourbi kabyle par leurs ronflements, quand, tout à coup, les aboiements des chiens et des bruits dans la montagne mirent fin comme par enchantement aux ronflements et aux rêves, C'était nos Kabyles qui enfin apportaient le pain ! Il était près de minuit ! On le mit dans un coin et l'on se replongea dans le sommeil interrompu.

Trois heures plus tard, réveil de la troupe. La corne du Club surprend et fait sursauter les solitudes endormies. On se lève en pestant, en ronchonnant, car on n'a guère dormi. Mais rien ne sert de murmurer. Oust! debout! La toilette sommaire est vite faite, le café bientôt pris. A 4 heures précises, sous la conduite du cheikh lui-même, on se met en marche dans la nuit. Le sentier est raide au milieu des broussailles épaisses, suivies bientôt après d'une forêt. Les arbres, les chênes-verts sont beaux; nous les verrons mieux à la descente. Dans les ravins, on entend la chanson des ruisseaux qui dévalent joyeusement le long des pentes rapides. Il commence à faire jour quand nous sortons de la forêt.

Devant nous, toute proche, la montagne, mûraille énorme de rocher nu, avec de ci, de là des trous béants, tout noirs, et des plaques de neige d'une blancheur immaculée. Nous suivons presque le pied de cette muraille, en remontant une étroite vallée irrégulière dont le rebord au Nord, peu saillant est couvert de cèdres très touffus. Nous traversons des bouts de prairies toutes fraîches et émaillées de pâquerettes ; nous gravissons de petits mamelons peu élevés et pierreux, pour aboutir bientôt au centre d'un cirque qui semble complètement fermé. Là, la vallée s'est évasée quelque peu en évantail, et un petit plateau herbeux en occupe le fond, c'est *Eul-Ma-Oussemoum*, le plateau de l'oseille, ainsi nommé à cause de l'oseille sauvage qu'on y trouve en assez grande quantité.

C'est de là que part la véritable ascension. La muraille nue y aboutit, et, laissant sur le plateau de l'oseille, les *impedimenta* et les objets qui ne peuvent nous être utiles, nous nous élançons à la suite de notre guide, à l'assaut du formidable rempart.

Le rocher est parfait de solidité, et c'est un véritable escalier que nous gravissons, escalier de géants il est vrai, aux marches plus qu'irrégulières, mais qui nous permet de nous élever rapidement. Nous arrivons à un premier seuil, avec de grands trous pleins de neige. Ces grands trous de forme à peu près circulaire, nous les baptisons *marmites*. Ces marmites sont du reste assez fréquentes dans les parties élevées du Djurdjura. Nous reprenons l'ascension ; nouvel escalier fort incliné, mais pas plus difficile que le premier. Tout en haut du palier, quelques cèdres rabougris, poussés, comme par miracle, entre les fentes du roc. Dans les interstices des pierres, un peu de térre végétale, venue je ne sais d'où, où poussent de frêles tulipes naines aux délicates corolles.

Après ce deuxième seuil, large plateau fortement incliné au bout duquel, en haut, vers la droite, nous apercevons une sorte de tour : c'est la dent de l'Haïzeur. Mais nous n'y sommes pas encore. De distance en distance, sur le plateau incliné, des pierres droites comme des jalons ; le guide nous les fait suivre. Bientôt, un témoin de pierre plus élevé que les autres se dresse devant nous. Tout près, sous nos pieds, une ouverture béante et sombre comme un trou d'homme. Le Kabyle sort un bout de bougie de sa poche, et se laisse littéralement tomber dans le trou qui a environ deux mètres de profondeur. Il allume sa bougie et nous fait signe de le suivre. Nous nous risquons l'un après l'autre, sans enthousiasme du reste ; au fond du trou, s'ouvre une galerie où nous pénétrons en courbant l'échine, et nous

nous trouvons dans une grotte, une grande salle que la faible lumière du guide ne nous permet pas de voir en entier. Nous entendons un bruit d'eau qui ruisselle et tombe en cascade, mais nous n'osons nous aventurer, n'étant pas suffisamment outillés pour explorer l'excavation.

Nous remontons à la lumière, en opérant un rétablissement sur les coudes, et nous nous remettons en marche vers l'Haïzeur, que nous atteignons du reste peu de temps après. Vue de Bouïra, la dent de l'Haïzeur semble surgir tout d'une pièce de la crête avec des parois perpendiculaires qui doivent en rendre l'ascension sinon impossible, du moins très difficile. Vue de près, la dent est moins menaçante, et de fait, elle est extrêmement aisée ; car elle se rattache au plateau supérieur de la montagne par une petite arête qui est sillonnée d'un petit sentier bien tracé et facile à suivre. Le plateau minuscule qui termine la dent porte des vestiges qui montrent que les Kabyles y viennent en pèlerinage. Quel saint marabout honorent-ils sur ce sommet ? Nous l'ignorons. Au-dessous de nous, à quelques mètres, se dresse, toute droite, aux flancs lisses, la pointe de rocher qu'on aperçoit aussi de loin, à côté de la dent de l'Haïzeur ; celle-là, au contraire, semble inaccessible. Cependant la pierre plate qui lui sert de couvre-chef n'a pas dû être apportée là par la nature. C'est sans doute la carte de visite de quelque Kabyle particulièrement aventureux et agile.

Nous n'essayons pas de l'imiter, et nous contemplons consciencieusement le paysage. La vue est forcément très belle, bien qu'elle n'atteigne pas en intérêt celle qu'on a du haut du Tamgout de Lalla-Khedidja, que nous distinguons admirablement un peu à droite, à l'écart des pics, pitons et rochers tourmentés qui se dressent sur la chaîne principale dont nous foulons le point culminant vers l'Ouest. Je ne m'étendrai pas sur les vastes horizons que l'on découvre de notre observatoire; ce sont, au Nord et au Sud, à peu de chose près, les mêmes perspectives que du Lalla-Khedidja, vues cependant sous un angle un peu différent.

Si vers l'Est les masses du Pic Ficheur, du Pic de Galland, du Pic Pressoir et de l'Akouker nous cachent les lointains Babor et Tababort, du côté de l'Ouest, en revanche, rien ne borne la vue qui s'étend jusqu'à des distances difficilement appréciables. C'est du reste une série ininterrompue de crêtes allongées, peu saillantes, dont les principales, autour de la Mitidja, par exemple, se reconnaissent aisément.

Comme toujours, un copieux casse-croûte est dégusté au sommet même, afin de prendre des forces pour la descente. Et ce ne sera pas inutile, car la descente sera longue et fatigante. Il était

7 heures du matin quand nous mîmes le pied sur le sommet. Il est 9 heures quand nous en repartons.

Le chemin suivi à la descente fut le même que celui de la montée. On repasse près de la grotte et on redescend les divers escaliers gravis peu auparavant. Nul incident pendant cette partie du trajet. On retrouve à Eul-Ma-Oussemoum les objets que nous y avions laissés et les mulets. On dévale la haute et étroite vallée dont j'ai parlé ; mais une fois que l'on est à la forêt de chênes-verts, on ne redescend plus chez les Aït Ali, dont on laisse le sentier sur la droite, et l'on s'engage dans la forêt en continuant à longer vers l'Ouest la muraille de Haïzeur. Je devrais dire « parc » au lieu de *forêt*, car, c'est un véritable parc, un peu accidenté, que nous parcourons. Les arbres un peu espacés sont de belle taille, les troncs sont couverts de mousse ; sur le sol pousse une herbe fine aimée des moutons ; une source claire sourd au pied d'un rocher. C'est une véritable Acardie.

Nous continuons à traverser ce bois charmant ; le terrain se relève soudain en un bourrelet que nous gravissons, nous sommes à un petit col, et nous descendons de l'autre côté toujours en forêt. Elle s'éclaircit bientôt, le sentier devient meilleur et décrits des zigzags savants ; c'est un chemin forestier, qui nous fait aboutir au superbe coin des sources de l'Oued Boghni.

Nouvelle halte dans le site grandiose pour le déjeuner. Après le temps nécessaire donné au repas et à la contemplation, départ de la caravane qui, à partir de là, passe exactement par le chemin suivi à la montée. Retour à Bouïra où l'on rattrape le train du soir pour rentrer à Alger.

E. PRESSOIR.

LE TAMGOUT DE LALLA-KHEDIDJA

(2.308 mètres)

Le *Tamgout de Lalla Khedidja* est le plus haut
des *tamgouts* du Djurdjura, et presque le plus
haut sommet de l'Algérie entière. Il n'est en réalité dépassé que par le Kef Mahmel et le Djebel
Chelia dans l'Aurès, qui atteignent respectivement
2.329 m. et 2.331 m. Mais si son altitude le place
au premier rang, il ne vient qu'au deuxième ou
au troisième au point de vue du pittoresque, du
grandiose ou de la difficulté. Quelques-uns de ses
rivaux sont plus intéressants que lui sous ce rapport. Car le pic de Lalla Khedidja a l'air débon-
naire et bon enfant en sa forme classique et n'est
pas méchant pour deux sous. Vu du Sud, de la
gare de Maillot, par exemple, il se présente sous la
forme d'un piton bien régulier, aux flancs correctement remplis et dessinés, comme s'il sortait
d'un moule. A mi-taille, comme un ceinturon,
une bande sombre l'enserre ; c'est la forêt de
cèdres de Tala-Rana. C'est l'unique accident de
cette montagne uniforme qui, encore une fois,
n'a pour elle que son altitude

Néanmoins cette dernière considération, et aussi sa facilité, et sa proximité du village de Maillot ont fait qu'il a été gravi plus fréquemment que les autres sommets du Djurdjura. Il a été gravi notamment les 20 et 21 mai 1888 par quatorze membres du Club Alpin d'Alger.

Partis le 20 d'Alger par le train de Constantine, les alpinistes arrivaient à Maillot vers deux heures de l'après-midi. Dans le village ils trouvent quelques mulets que l'administrateur de la commune mixte leur avait procurés.

Le temps de s'organiser, d'arrimer les bagages sur les bêtes, il est près de 3 1/2 quand, sous la conduite d'un *deïra* au manteau bleu, on se met en route. La montée jusqu'à Tala-Rana n'offre rien de particulier, si ce n'est que, à mesure que l'on monte, la vue s'étend sur les horizons élargis et que l'œil se plait à contempler les lointains que colore splendidement le soleil à son déclin. Il est six heures quand on débouche sur le petit terre-plein, où se dressent les bâtiments du bordj d'été des administrateurs de Maillot, près de l'excellente source de Tala-Rana. Jusque-là on n'a guère rencontré qu'une végétation assez maigre ; mais Tala-Rana est juste à la limite de la forêt de cèdres du même nom, et les ombrages autour du bordj sont fort beaux.

Mais le moment n'est pas venu de se reposer les

yeux sur les frondaisons des cèdres majestueux. La nuit du reste arrive, bientôt elle sera complète, et il faut procéder aux préparatifs du dîner et à l'installation pour le coucher. Comme batterie de cuisine nous avons le matériel du Club, casseroles, assiettes en fer blanc, etc..., et quant à la literie, elle est aussi rudimentaire que possible, consistant en toiles à paillasse qu'on nous a prêtées, qu'il va falloir tout à l'heure rembourrer avec des branchages que l'administration prévoyante a fait couper pour nous. Cela nous promet des matelas d'une douceur idéale.

Le dîner, sous une espèce de grand hangar, ayant vue sur tout le pays au Sud, fut une heure charmante. On s'était installé comme on avait pu avec une vieille table boîteuse trouvée dans les locaux vides, et des bancs primitifs formés de bouts de troncs d'arbres roulés jusque-là et de planches vermoulues. Mais grâce à l'habileté de notre chef cuisinier, notre collègue J. Leblays, habileté qui ne fit que grandir dans les excursions subséquentes, nous fîmes un excellent dîner, assaisonné de la plus franche gaieté.

Tout à coup, au dessert, pendant que Ch. de Galland, notre joyeux président, nous contait avec sa verve habituelle et en son *sabir* exquis l'histoire de Madame Bouttnache ou les exploits du caïd Ahmed, et que, suspendus à ses lèvres nous écoutions ses joyeux récits que coupaient à chaque instant de grands éclats de rire, un éclair en zig-zag et tout proche, zébra de son trait de feu les ténèbres opaques de la nuit et tout aussitôt la voix du tonnerre éclata formidable et se répercuta longuement dans la montagne. Les coups de tonnerre se succédèrent avec rapidité et bientôt une pluie torrentielle s'abattit avec fracas.

Cela mit fin en quelque sorte à la soirée, car, nous ne songeâmes plus qu'à aller trouver nos couches peu voluptueuses. Nous nous répandîmes dans les différentes pièces. Chacun s'arrangea sur son matelas improvisé, en mettant son sac de touriste sous sa tête en guise d'oreiller. Et bientôt tout le monde fut endormi.

J'étais, pour ma part, seul dans une petite pièce où l'on avait fait du feu pour la cuisine et où il faisait assez bon. Cette pièce avait deux portes, l'une donnant sur la campagne, l'autre sur une pièce contiguë. Un peu fatigué par le voyage, je m'endormis tout d'abord. Ce que dura ce premier sommeil, je n'en sais trop rien ; toujours est-il que, tout à coup, il me sembla entendre un bruit insolite ; c'était comme un miaulement rauque et grave qui se répétait irrégulièrement avec des intensités différentes. Comme, pendant le dîner, on avait parlé de fauves, de panthères surtout, dont on trouve encore parfois des spécimens dans la région, l'idée me vint aussitôt dans mon demi-sommeil que ce devait être une panthère. J'écoutai haletant ; le bruit semblait venir de l'extérieur, par dessous la porte. Je me demandai avec anxiété si celle-ci était bien fermée. Qu'arriverait-il, bon Dieu ! si le fauve, sentant la chair humaine, faisait irruption dans la pièce ? Une sueur froide m'envahit, je sentais déjà les crocs de la bête s'enfonçant dans ma chair et broyant mes os, lorsque tout à coup un juron vigoureux parti de l'autre chambre et la cessation immédiate du bruit, m'éclairèrent et firent s'évanouir les folles craintes. C'était tout simplement un de mes voisins qui ronflait outrageusement et son compagnon de chambre ne pouvant dormir, jurait et le secouait pour le faire taire. L'alerte une fois passée, je me rendormis bientôt du sommeil du juste.

*
* *

A 3 h. 1/2 du matin, m'étant réveillé de nouveau, cette fois à cause du froid, je me levai et prenant la corne du Club, je fis le tour du Bordj en faisant un bruit d'enfer. Ce furent des vociférations, des protestations indignées : « Assez ! » me criait-on, « on ne réveille pas les honnêtes gens à pareille heure ». Mais je tins bon et continuai mon vacarme jusqu'à ce que tout le monde fut sur pied. Il faisait un froid de loup, on n'y voyait goutte, car le jour n'était pas encore venu, et de plus un brouillard intense semblait peser sur la montagne.

Bientôt les feux rallumés brillaient, nous inondant de lumière et de chaleur ; bientôt aussi, un excellent *caoua* bien chaud remettait de bonne humeur ceux qui avaient le plus maugréé, et c'est avec entrain que dans la brume et la nuit, on se mit en marche pour le sommet, sous la conduite d'un kabyle.

Autant que l'on pouvait en juger par les silhouettes entrevues, nous montions en pleine forêt. Peu à peu, le voile opaque qui nous entourait sembla se faire plus blanc et plus diaphane, peu à peu les arbres montrèrent des contours plus nets, et, juste comme nous arrivions à la lisière de la forêt, il y eut un soudain changement de décor : nous sortions des brumes, et le soleil surgissait au-dessus, dans un ciel d'une pureté éclatante.

Nous gagnâmes un petit monticule que nous voyions devant nous, et là nous fîmes halte. Ce que nous vîmes alors nous fit pousser à tous un cri d'admiration.

Au-dessous de nous, à perte de vue jusqu'à l'extrême horizon, s'étendait un océan immense. Sur sa tonalité grise et terne, aucune voile ne tranchait par sa blancheur, aucun vapeur par son panache de fumée. Seuls, des groupes d'îles surgissaient, dressant leurs roches dentelées ou leurs mornes sommets au-dessus de l'immensité plane. Il nous semblait que, explorateurs d'un monde nouveau, nous venions de découvrir des contrées non encore vues, de fabuleux archipels.

Et bientôt une autre merveille s'offrit à nos yeux. Il nous sembla que toute cette masse était prise d'un tremblement ; tout parut frissonner et frémir ; des rayures se produisirent subitement sur la surface, qui peu à peu s'approfondirent et s'élargirent ; les bords de ces crevasses semblèrent tournoyer ; des volutes de ouate s'en détachèrent, s'éloignèrent, se rejoignirent ; les petites masses blanches s'agglutinaient puis se fondaient et se changeaient en vapeurs qui s'évanouissaient ; il semblait aussi que ces vapeurs tournoyaient au-dessus de gigantesques chaudières, le soleil paraissait les aspirer peu à peu, et bientôt à travers leur voile aminci, nous découvrîmes des collines, des vallées, le cours argenté des rivières. Et la fantasmagorie se déroulait de plus en plus rapide ; les îlots devenaient des îles qui s'agran-. dissaient et se soudaient, des continents se formaient. Bientôt il ne resta plus que quelques flocons blanchâtres qui eux aussi disparurent, et nous eûmes sous les yeux la terre haletante, reconquise par le soleil, son bienfaiteur et son tyran.

Ce spectacle magnifique et que l'on ne peut voir qu'en montagne, nous avait retenus sur notre promontoire de rochers ; maintenant que la scène magique était finie, nous reprîmes notre ascension. Elle se fit sans encombre, n'offrant du reste, aucune difficulté. Le seul endroit un peu pénible est la montée du dernier piton, que l'effritement de la montagne a couvert de pierres, de caillasse qui roule sous les pieds et vous fait quelquefois reculer au lieu d'avancer. Bref, deux heures et demie après avoir quitté Tala-Rana, nous étions tous au sommet du Tamgout, à 2,308 mètres d'altitude.

Peu s'en faut que ce sommet ne soit une véritable pointe. La surface du minuscule plateau terminal est si exiguë qu'elle pourrait à peine recevoir la statue du duc d'Orléans de la place du Gouvernement avec son socle.

Cette surface est entièrement occupée par deux ou trois petites constructions en pierres sèches, couvertes de toits de tuiles à demi démolis, où l'on trouve un nombre considérable de petites lampes vernissées en terre cuite et de débris de marmites à couscouss. C'est que sous ces masures sont ensevelis les restes de la grande sainte Lalla Khedidja, dont les vertus fleuraient bon dans le pays kabyle, et qui a voulu habiter ce sommet dans les circonstances suivantes :

Si l'on en croit la légende, cette maraboutine illustre demeurait au fond d'un ravin, sur le flanc Sud-Est de la montagne, au pays des Beni-Ouakour, célèbres dans la région pour leur simplicité, pour ne pas dire autre chose. Ces Beni-Ouakour n'avaient pas pour la sainte tous les égards désirables ; dans leur ignorance stupide, ils raillaient ses enseignements et même la tournaient en dérision. Il ne fallut pas moins d'un miracle pour leur dessiller les yeux et les faire rentrer dans la voie du Seigneur, dont ils commençaient à s'écarter.

Pour ce faire, Mme Khedidja n'hésita pas. Bien qu'au point de vue du confortable, elle fût très bien dans sa petite maison, auprès d'une belle source, avec tout autour, de superbes figuiers et oliviers, et des champs fertiles en bechna et en orge, la sainte femme, pour qui, du reste, ces biens de la terre étaient peu de chose en comparaison des biens du ciel, ne recula pas devant un abandon complet de ce qui fait ordinairement le bonheur des humains, et elle annonça un jour aux Beni-Ouakour que Dieu lui était apparu en songe et lui avait ordonné de quitter un pays peuplé d'impies, pour se rapprocher de lui, et de transporter sa maison sur le sommet du Tamgout. Les Kabyles possédés de l'esprit du mal accueillirent cette annonce par des rires et des moqueries ; mais, quand le lendemain, les femmes venues à la fontaine chercher de l'eau, ne virent plus la maison de Lalla Khedidja, elles s'en revinrent en courant au village pour annoncer le miracle, et bientôt tous les habitants de la *déchera*, hommes, femmes et enfants étaient auprès de la source. Et la vérité commença à se faire jour à travers les esprits frustes et obtus, et ces hommes, si prompts la veille à se moquer, ne riaient plus. Ils tournèrent instinctivement leurs regards vers le sommet de la grande montagne, et voilà que, tout en haut, il leur semblait apercevoir quelque chose qui n'y était pas la veille, et qui ressemblait à une maison. Ils voulurent en avoir le cœur net, et bientôt tous, en une longue théorie, gravissaient les pentes de la montagne.

A mesure qu'ils se rapprochaient du but, la maison se dessinait davantage, et bientôt il leur fallut se rendre à l'évidence; c'était bien la maison de Lalla Khedidja, et debout devant sa porte, la sainte se tenait pour les recevoir. Et alors on vit ce spectacle touchant de toute une tribu se prosternant aux pieds de la sainte, cherchant à baiser le bas de sa robe, et chantant les louanges du Très-Haut, qui leur avait accordé à eux, indignes, la faveur immense de choisir parmi eux une de ses élues. Et à partir de ce jour, les Beni-Ouakour furent des serviteurs fidèles de Dieu, et conservèrent à Lalla Khedidja une vénération qui ne s'est jamais démentie. C'est à elle qu'ils s'adressent quand ils veulent de l'eau pour leurs moissons ou du soleil pour faire fondre la neige, ou un fils au lieu d'une fille quand leurs femmes sont grosses, etc., bref, c'est leur seule intermédiaire avec le Tout-Puissant. Le parfum des vertus de la bonne sainte continue à planer au-dessus des gourbis de son peuple.

Quoi qu'il en soit de Lalla-Khedidja et de sa légende, son habitation du Tamgout est loin de ressembler à un palais. Tous les hivers, le poids des neiges qui s'accumulent, met à mal les pauvres maisonnettes et à chaque printemps, lorsque la fonte de la neige a rendu possible l'accès du sommet, les pieux kabyles réédifient le tombeau de leur sainte. Lorsque nous y arrivons, tout est délabré, rien n'est encore réparé. Quelqu'un nous disait, à Maillot, que nous aurions dû y coucher, afin d'assister au lever du soleil. C'est un conseil que je ne donnerai à personne. Ces cahutes sont tout ce qu'il y a de plus misérable ; elles sont très exigües et il me semble impossible d'y pouvoir trouver un abri suffisant pour les nuits qui sont toujours très fraîches à pareille altitude. La chose, à mon avis, ne pourrait se faire qu'en plein été et par un temps de sirocco.

En plus de ces masures, on trouve au sommet une petite pyramide en pierres, d'environ deux mètres qui sert de signal géodésique. Nous nous groupons autour d'elle pour comtempler le paysage, et nous sommes alors envahis par cette espèce de griserie que connaissent bien les alpinistes quand ils parviennent au sommet d'un de ces grands belvédères de la nature.

Et certes, le spectacle est de toute beauté. A nos pieds, vers le Nord, sur la pente de la montagne, un immense champ de neige, d'une blancheur éclatante ; devant nous, tout le pays kabyle, comme une carte déployée, où nous reconnaissons des points familiers, Fort-National, Michelet, les villages kabyles sur leurs mamelons, la chaîne côtière avec son point culminant, le Tamgout des Beni-Djennâd, et, par-dessus la chaîne, la mer, la mer bleue, s'étendant à l'infini.

En allant vers la droite, nous distinguons les massifs boisés de Yacouren et de l'Akfadou, puis en revenant vers nous, les rochers de Beni-Zikki, la pyramide de l'Azerou-N'Tohor, les pointes de l'Azerou-N'Tidjer et de l'Azerou-N'Tirourda.

Plus loin vers l'Est, se dressent les superbes sommets qui dominent les lointaines gorges du Châbet, l'Adrar-Amellal, le Tababort et le Babor, dont l'altitude est à peine inférieure à celle du Djurdjura. Entre ces montagnes et nous se développe la région en apparence chaotique de ce que l'on est convenu d'appeler la Petite Kabylie, où s'enchevêtrent les chaînons du Guergour et les âpres et rébarbatives crêtes des Beni-Abbès, dont nous appercevons la Kalaâ sur son plateau presque inaccessible. Plus loin vers l'Est et le Sud-Est des montagnes, encore des montagnes, qui semblent se rapetisser et s'égaliser à mesure qu'elles s'éloignent, et à l'horizon deux ou trois vagues sommets bleus, à gauche des Maâdid, qui pourraient bien être le Kef Mahmel et le Chélia dans l'Aurès. Au Sud, nous distinguons à nos pieds la vallée de l'oued Sahel, Maillot, les Portes-de-Fer, le Djebel Kteuf au-dessus de Mansourah, et sur la droite tout le sauvage pays qui se hérisse entre les Portes-de-Fer et Aumale, dominé par son Dira. A l'Ouest enfin, au premier plan, la masse gigantesque de l'Akouker, l'Azerou-Gougane, les fantastiques aiguilles de Thaltatt, et, en raccourci toute la chaîne principale du Djurdjura, depuis l'Haïzeur. A l'extrême Ouest, nous reconnaissons nos sommets bien connus de la Mitidja, le Bou-Zegza, l'Abd-el-Kader, le Mouzaïa. Quant à Alger, nous cherchons à le découvrir, mais nous avons beau fouiller avec nos jumelles nous ne pouvons l'apercevoir. La raison en est bien simple ; entre Alger et nous s'interpose l'énorme écran de l'Akouker, et ainsi se trouve résolue la question souvent posée : d'Alger, voit-on le Lalla-Khedidja? réciproquement du Lalla-Khedidja voit-on Alger?

Comme toujours, en semblable excursion, quand le temps nécessaire a été donné à l'admiration, il est une voix que l'on écoute volontiers. c'est celle de l'estomac. Il y avait longtemps que le café du matin était dans nos talons. Aussi, l'on s'empressa de faire honneur aux provisions emportées. On acclama les bouteilles de champagne, qu'une main prévoyante avait enfouies dans la neige dès l'arrivée, et plus encore leur contenu frappé à souhait.

Nous restâmes deux bonnes heures à jouir du spectacle qui s'offrait à nos regards. Nous étions arrivés à 6 heures ; nous repartîmes à 8 heures. Certes nous aurions bien voulu rester plus longtemps ; on est si bien à de pareilles hauteurs ! Mais il fallait rentrer à Alger le soir même ; par conséquent nous ne pouvions nous éterniser chez madame Khedidja. Donc, à 8 heures, commencement de la descente. Elle fut rapide comme bien l'on pense. Nous dévalions avec en train, quand tout à coup, la tête de file s'arrête en poussant un cri. Toute la colonne s'arrête aussi, naturellement. Qu'y a-t-il donc ? Notre camarade, le bras tendu semble nous montrer quelque chose. Dans la direction que nous indique sa main, nous apercevons à environ 2 ou 300 mètres, vers l'Est, un groupe de rochers à pic, point de suture d'un chaînon secondaire, qu'une caravane de touristes semble gravir. Déjà, à l'extrême pointe l'un d'eux est arrivé, et regarde avec orgueil et pitié ses compagnons qui n'ont encore pu le rejoindre. Qui donc sont ces gens ? Nous sommes surpris ; nous ne pensions pas que le Lalla-Khedidja fût déjà visité par des bandes nombreuses d'excursionnistes des Agences Cook ou Lubin, comme les sommets célèbres de la Suisse. Nous poussons des hourrahs pour attirer l'attention de nos collègues en alpinisme. A nos cris, nous voyons avec étonnement nos paisibles et tranquilles grimpeurs changer subitement de manière, et courir le long des paris et sauter dans les blocs avec l'agilité d'écureuils et la sûreté de pieds de chevreaux. C'était une troupe de singes ! Nous essayâmes de nous en approcher, mais ils eurent bientôt disparu derrière les rochers.

Ce fut le seul incident notable de la descente. On admira en passant la forêt de cèdres, on se désaltéra à l'onde pure de la source de Tala-Rana, et l'on arriva à Maillot pour déjeuner.

Après déjeuner, on se rendit à la gare de Maillot, ou l'on prit le train qui nous ramena à Alger, à 10 heures du soir.

E. PRESSOIR.

ALGER. — TYPOGRAPHIE ADOLPHE JOURDAN.

EN VENTE A LA MÊME LIBRAIRIE

LARCHER. — **Les tribunaux ré- pressifs indigènes** et les administrateurs juges de simple police dans les communes mixtes. — 1 broch. in-8°......... **2 fr. 50**

LAUNE (É.). — **Manuel français- arabe** ou *Recueil d'actes administratifs, judiciaires et sous seing privé traduits en arabe*. 1 volume petit in-8°, cart. perc... **7 fr. 50**
Formulaire arabe d'actes de procédure. 1 vol. in-16.. **4 fr.**

LECQ et ROLLAND. — **Notions d'agriculture algérienne.** 1 vol. in-12, cart...... .... **2 fr.**

LE ROUX (Capitaine). — **Diction- naire français-haoussa et haoussa-français.** 1 vol. in-4°, cartonné.............. **15 fr.**

LUCIANI, ✳. — **Chansons kabyles.** 1 brochure in-8°.......... **2 fr.**
El-H'aoudh, manuscrit Berbère de la Bibliothèque Musée d'Alger. 1 vol. in-8°..... .... **4 fr.**

MACHUEL (L.), O. ✳, I. ✳. — **Une première année d'arabe.** 1 vol. in-12, cartonné....... **1 fr. 50**
Grammaire élémentaire d'arabe régulier. 1 vol. cartonné. **5 fr.**
Les Voyages de Sindebad le Marin. 1 vol............ **5 fr.**
Manuel de l'arabisant ou *Recueil de pièces arabes* (1re partie). 1 vol. petit in-8°, relié percaline. **6 fr.**
Manuel de l'arabisant ou *Recueil de pièces arabes* (2e partie). 1 vol. petit in-8°, relié percaline. **6 fr.**
Eddalil ou Guide de l'arabisant qui étudie les dialectes parlés en Algérie et en Tunisie. Textes français et arabe.
Le texte arabe seul, le n° **0 fr. 75**
id. français seul, le n° **0 fr. 75**
Cinq numéros en vente.

MASSIGNON. — **Le Maroc** dans les premières années du XVIIIe siècle. Tableau géographique d'après Léon l'Africain avec cartes. 1 vol. in-4°.. ... . **7 fr. 50**

MERCIER (E.), ✳. — **La condition de la femme musulmane dans l'Afrique septentrionale.** 1 vol. in-18................ **2 fr.**
Le Hobous, ou Ouakof, ses règles et sa jurisprudence. Une brochure in-8° raisin.............. **2 fr.**
La propriété foncière musul- mane en Algérie. *Condition légale, situation antérieure, état actuel de la question.* In-8° raisin.................. **2 fr.**

MORAND. — **La prescription dans la législation musulmane.** Br. in-8°...... .... **3 fr.**
L'autorité de la chose jugée en droit musulman. Brochure in-8°.................. **2 fr.**
Les kanouns du M'zab. Broch. in-8°.................. **2 fr.**
Introduction à l'étude de la preuve en droit musulman. 1 brochure........... **1 fr. 50**

MOUCHERONT. — **Les Douanes en Algérie.** 1 volume in-8° de 780 pages.............,... **12 fr.**

PARMENTIER (C.), ✳. — **Vocabu- laire arabe-français.** Broch. in-8°..... .... **3 fr. 50**

PEIN (colonel), C. ✳. — **Lettres familières sur l'Algérie.** 1 vol. in-18................. **3 fr. 50**

PHILIPPE. — **Etapes saharien- nes.** 1 vol. in-18....... **2 fr. 50**

PONTOIS. — **Libres Pensées.** 1 vol. in-18............. .... **1 fr. 50**

POUYANNE (M.), — **La propriété foncière en Algérie.** 1 volume in-8°.................... **15 fr.**

RENARD — **Histoire de l'Algérie** *racontée aux petits enfants.* Un vol. in-18 cartonné........ **1 fr.**

RIBOLLET. — **Un grand Evêque** ou *Vingt ans de l'Eglise d'Afrique* Mgr Pavy. 1 in-8°........ **6 fr.**

ALGER. — TYPOGRAPHIE ADOLPHE JOURDAN.

9 782012 878655